觉醒的人生
心想事成的秘密

［美］约翰·格雷（John Gray）◎著
陈荣生◎译

中国传媒大学出版社
·北京·

图书在版编目（CIP）数据

觉醒的人生：心想事成的秘密 ／（美）约翰·格雷著；陈荣生译. --北京：中国传媒大学出版社，2024.12.
ISBN 978-7-5657-3846-3

I.B848.4-49

中国国家版本馆CIP数据核字第20247WY909号

HOW TO GET WHAT YOU WANT AND WANT WHAT YOU HAVE.
Copyright © 2002 by John Gray Publications, Inc. All rights reserved. Printed in the United States of America. No part of this book may be used or reproduced in any manner whatsoever without written permission except in the case of brief quotations embodied in critical articles and reviews. For information address HarperCollins Publishers Inc., 20 Sunnyside Avenue, Suite A-130, Mill Valley, CA 94941, USA NY10022.

著作权合同登记号 图字：01-2024-4629号

觉醒的人生：心想事成的秘密
JUEXING DE RENSHENG: XINXIANGSHICHENG DE MIMI

著　　者	［美］约翰·格雷（John Gray）
译　　者	陈荣生
责任编辑	曾婧娴
封面设计	张志凯
责任印制	李志鹏

出版发行	中国传媒大学出版社		
社　　址	北京市朝阳区定福庄东街1号	邮　编	100024
电　　话	86-10-65450532　65450528	传　真	65779405
网　　址	http://cucp.cuc.edu.cn		
经　　销	全国新华书店		

印　　刷	涿州市京南印刷厂
开　　本	880mm×1230mm　1/32
印　　张	9
字　　数	207千字
版　　次	2024年12月第1版
印　　次	2024年12月第1次印刷
书　　号	ISBN 978-7-5657-3846-3/B·3846　　定　价　68.00元

本社法律顾问：北京嘉润律师事务所　郭建平

The secret to get what you want

前言 打开幸福的大门 9

第一篇 觉醒的人生,是内在成功与外在成功的最佳平衡

第1章 金钱买不到幸福 003
打破幻觉,更好地理解生活 004
幸福不是获得更多的金钱 006
无成功,真的不幸福吗 009
长久的幸福来自内心 011
开心,成功就会接踵而来吗 014
从僧侣到百万富翁 016
财富的意义 018

第二篇 找到你想要的幸福

第2章 获得你需要的爱与支持 023
让梦想成真的8种爱的维生素 024
不同的情感缺失,需要不同爱的维生素 025
你需要的爱总是可以得到的 027

第3章 保持与真实自我联结的秘密 031
带着爱与人相处 033
请把爱给自己 035

第4章 成长需要的8个爱的阶段 039
主动后退,才能更好地前进 042
空巢危机:分享光与爱的50岁及以后 044
中年危机:尊重自己过去的42岁至49岁 045
秘密危机:表达养育天性的35岁至42岁 047
身份危机:不断探索和体验的28岁至35岁 049
教育危机:获取自信的21岁至28岁 051
荷尔蒙危机:需要同辈爱与支持的14岁至21岁 053
沉默危机:创建安全感的7岁至14岁 055
出生危机:创建权利感的0岁至7岁 060

| 目 录 |

第5章 激发人生潜能的8个爱池　063

爱池1：维生素P1（父母的爱和支持）　064

爱池2：维生素F（亲人、朋友的爱和支持）　065

爱池3：维生素P2（同辈和志同道合的人的爱和支持）　067

爱池4：维生素S（自爱）　068

爱池5：维生素R（婚姻和浪漫）　069

爱池6：维生素D（关爱子女）　071

爱池7：维生素C（回馈社会）　073

爱池8：维生素W（回馈世界）　073

第三篇　得到你想要的成功

第6章 创建想要的人生的冥想练习　077

所有人都适合冥想练习　078

冥想是很简单的　080

互动冥想，得到更多的爱与支持　081

通过冥想，创建自己想要的人生　083

找到适合的冥想方法　084

设定意图，创造自己想要的日子　088

思想的创造力　090

每天都有小奇迹　091

第7章　释放压力，与积极能量重建联结　093

理解消极能量　093

做个敏感的人　095

为什么我们会无法康复　096

你压抑的，别人会表达出来　098

感受消极情绪，让自己更好成长　100

能量交换得来的，并非都是积极的　102

事半功倍的发泄办法　104

放弃对消极能量的一切恐惧　109

第8章　不压制你的消极情绪　111

别总期待完美平衡　113

处理情绪的4种方法　114

第9章　忠于自己，得到你想要的成功　127

尊重自己不断膨胀的欲望　129

不需要一切全靠自己　131

放弃挣扎，吸引更多支持　132

积极过度会阻碍外在成功　134

第10章　找到你的许愿星　137

知道你真正想要什么　138

信任、关心和欲望都是力量　139

目 录

　　创建你想要的力量　140
　　暂时停止你想要的欲望　142
　　不要为了他人的需要，拒绝自己想要的　143
　　所有际遇都是必然　144
　　感恩生命中的绿灯　146
　　允许自己对一些事情生气　147

第11章　不要抵抗自己不想要的　149
　　为什么受伤的总是我　153
　　肯定地表达自己想要的　155
　　积极回应你对伴侣的诉求　156
　　把握美好过往的无限力量　157
　　拥抱过去那个痛苦的自己　159

第四篇　清除个人成功路上的障碍

第12章　尊重你所有的欲望　163
　　可以生气，但不要报复　165
　　体验伤心，不要依附　166
　　怀疑你的怀疑，打开所有可能性　168

认识你的推断，做真实的自己　169

反抗你的反抗，让自己真正地自由　172

向你的屈服投降，接受不能改变的事　173

避免你的逃避，给自己巨大的创造力　174

防御你的辩解，保护自己学习成长的本能　176

拒绝你的拒绝，获得你想要的财富　178

克制你的克制，不让它阻止你的前进　180

回应你的回应，不作消极反应　181

不做爱的牺牲，允许自己不完美　183

第13章　移除阻碍你成长的12种障碍　185

移除障碍1：释放责备，保留自己的爱　187

移除障碍2：释放沮丧，找到正确的方向　191

移除障碍3：释放焦虑，一切总会得到解决　194

移除障碍4：释放冷淡，感受灵魂的欲望　196

移除障碍5：释放挑剔，学会欣赏他人　199

移除障碍6：释放犹豫，找到坚持下去的力量　203

移除障碍7：释放拖延，与自己的天赋进行联结　207

移除障碍8：释放完美，获取开心和满足　209

移除障碍9：释放怨恨，才能接受更多的爱　212

移除障碍10：释放自怜，找回真实自我　216

移除障碍11：释放困惑，充满信心地找到答案　218

移除障碍12：释放内疚，重新爱上自己　222

| 目 录 |

第14章　移除12种障碍的步骤　227
  找到更深层次的障碍　227
  理解引发沮丧的动机　228
  如何处理你的过去　229
  在父母的帮助下疗愈情绪　241
  给外在世界写感受信　243
  获取个人成功的最佳冥想　254

后记　为觉醒的人生做好准备　261
致谢　265

Introduction 前言
打开幸福的大门

人生中的真正挑战，不仅仅在于如何得到你想要的，还在于懂得享受你现在所拥有的。有的人已经懂得如何得到自己想要的，但是在得到之后，他们又不再喜欢它了。他们无论得到什么，都不满足，总是感觉好像还缺点什么。他们对自己不认可，对婚姻不满意，对自己的健康不放心，或者是觉得工作不可心。永远都有一件事情扰乱他们内心的平静。

有的人则非常认可自己，觉得自己做得不错，也很满足于现在所拥有的，但他们并不知道怎样去得到更多自己想要的。他们拥有开放的心态，却很难梦想成真；他们竭尽全力，却不知道为什么其他人能有更大的成就。

大多数人处在这两种极端之间的某个点上。

个人成功恰恰处于中间地带，即：你得到了你想要的，并继续珍惜你拥有的。个人成功并不是由你的身份、拥有的财产或者创造的事业来衡量的，而是由你对此的感觉良好程度衡量的。个人成功就把握在我们手中，但我们必须清楚地知道自己想要的是什么，并下定决心去获得它。

> 个人成功就是得到你想要的，并继续珍惜你所拥有的。

同时，个人成功需要对如何创建自己想要的人生有明确的理解。对一些人来说，个人成功就是学会如何让自己得到更多；对另外一些人来说，个人成功就是知道怎样才能让自己更加开心；而对大多数人来说，个人成功就是同时学会这两种重要技能。

获得个人成功并不是因为机会、命运、福祉或者好运。尽管有些人生来就带有成功的能力，但对大多数人来说，必须在实践中学会获得成功的技能，这是非常重要的。而对另外一部分人来说，要创建自己想要的完满人生，仅需要他们在思考、感受或者行动方式上作出一些细小而重要的改变。

> 在思考方式上做一些细小而重要的改变，就能为我们走向更辉煌的人生铺平道路。

将一两个新见解运用到你的人生中，你很可能就在一夜之间改变。尽管环境乃然相同，但你对人生的看法在瞬间改变。如果人生的光芒太过耀眼，那么戴上墨镜就能够让你开始放松，而且可以立即让你再次看得清清楚楚。同样道理，通过一些调整，你不仅会突然对自己拥有的事物感到更加开心，而且也会相信自己已经踏上了追寻梦想的路途。

个人成功的 4 个步骤

想要在人生中获得更大的成功，以下 4 个步骤缺一不可。我们将在本书中，详细探讨每一个步骤。

步骤一：设定目标，明确你想要过什么样的人生。确认自己目前所处的位置，清楚地知道要走到哪里才能获得内在成功和外在成功的最佳平衡。如果你走错了方向，无论多么努力，在人生的道路上你遇到的只会是阻力，永远无法到达你想去的地方。将你的头脑、心灵、感官的需要与灵魂深处的渴望统一起来，你才能做好准备，以获得内在的喜悦与人生的成功。

步骤二：获取你需要的爱和支持。学会获取所需的技能，以便做真实的自我。仅仅说"我想做我自己"是不够的，还要了解自己、做真实的自我。你要明白，每个人都需要 8 种不同的爱和支持，知道自己缺失什么，才懂得怎样得到它。一辆车也许可以运行得很好，如果不给它加满油，它就无法奔驰起来。同样，如果你对爱的需要无法得到满足，那么，你就无法找到真实的自我。

步骤三：得到你想要的。要认识到强烈的愿望、积极的信念，以及炽热的感情，在赢得你想要的事物的过程中起着关键的作用。要学会通过承认和转变消极的感觉和情绪增强自己追寻幸福的力量。

步骤四：清除个人成功路上的障碍。要知道可能会阻止你得到你想要的事物的 12 种常见障碍，并为获得内在成功和外在成功扫清道路。要学会放下任何可能阻止你前进的障碍：责备、沮丧、焦虑、冷淡、挑剔、犹豫、拖延、追求完美、怨恨、自怜、困惑以及内疚。有了这种新能力，你就会开始体验到，没有任何事物可以阻止你前进。

在开始学习"个人成功"课程时，黛博拉正努力拼搏，想要获得更大的成功，并非常渴望结婚。后来，她将目标重新设定为找到内心的平静和喜悦，这使得她不再那么纠结了。她意识到自己没有获得所需要的支持，她之前不允许自己放松地去做自己想做的事。当她转变目标，开始对自己以及人生感觉更好的时候，慢慢地她就能够心想事成了。

她不仅找到了一份好工作，还遇到了她理想中的男人，跟他结了婚。为了开始新的婚姻生活，她不得不扫除摆在通往个人成

觉醒的人生：心想事成的秘密

功路途上的3个障碍。过去，每当要作出承诺的时候，她都会变得困惑、挑剔和犹豫。当她将这3个障碍移除之后，她就可以继续和那个爱她的男人迈向婚姻殿堂。黛博拉遵循个人成功的4个步骤，最终让自己的梦想成真了。

汤姆一直都想要开一家自己的面包店，但他在一家电视台工作。他不想做这份工作，经常对自己的同事不满。汤姆要获取个人成功的第一步，是要将自己的目标设定为：无论自己身处任何环境都要开心。他开始练习冥想，这让他内心的满足和快乐与日俱增。

工作不再是他不满意的根源。由于他在冥想中获得了所需要的支持，在明确了自己想要的事物之后，他立即作出了改变。这时，他的人生似乎开始不断出现一些小奇迹。他想被派去出差，就被派了出去；他想得到表扬和答谢，表扬和答谢就来了。他对自己实现梦想的信心越来越强。

这种信心让他能够自由地去追寻自己的梦想。他辞职开了一家面包店。为了作出这个转变，他首先排除了自身的心理障碍。在原来的工作中，他经常有不满和挑剔的言行。随着这些障碍的减少，他不再拖拉，不再犹豫，而是主动去创业。现在，他的生意已经取得了很大的成功。

罗伯特开始实践个人成功方法的时候，已经是一位千万富翁了。他获得了外在的成功，却很不幸地离了3次婚，与自己的孩子们也谈不拢。在外人看来，他什么都有了，除了他的咨询顾问和前妻之外，没人知道他有多么不幸。

罗伯特开始尝试从内心寻找自己的幸福。他想在人生中与另一个人一起分享他的财富，首先他自己得懂得如何享受它。此前他总是觉得，只有漂亮女人待在自己的身边，自己才会感到舒服。他用了1年的时间才学会在没有伴侣的情况下也能让自己开

|前言| 打开幸福的大门

心。他还抽出时间周游了世界。

当他终于学会靠自己也能开心的时候,他开始尝试着花更多时间修复自己与孩子之间的关系。随着他开始给予爱和接受自己需要的爱,他对外在成功的依赖逐渐减少了。他很高兴自己终于认识到,事业上的成功无法让他找到真正的平静和快乐。

为了解决与孩子之间的问题,找到一位伴侣分享他的人生,他得排除很多障碍。他要放弃自己对前妻的责备、挑剔和冷淡,理解孩子们对他的怨恨。通过排除这些障碍,他高兴地与孩子们重归于好了,并感受到自己人生中充满了平静和欢乐。

当你获得个人成功之后,生命就不再是一场战斗,困难的事情会变得容易很多。当然,人生仍会出现其他问题,但在解决这些问题的过程中你会变得更加从容,之前看似关闭着的门将会开启。你会感到解脱,可以自由地做自己,去做你应该做的事情。你将会对自己的未来做好充分准备。人生中随时会出现的那些不可避免的挑战,会让你变得更加强大。

不管怎样,你还没有体会到自己内心的善良和伟大,但真实的自我光芒会照亮你的道路。有了这种光芒,你的黑暗行程就将结束。你不仅开始清楚你来到这个世界应该做的事情,而且还会意识到你并不孤单。事实上,你在这个世界会获得很多爱和支持。

有了自爱的内心之光,你的黑暗行程就将结束。

个人成功并不是一种没有矛盾、没有失望或没有挫折的完美状态。获取个人成功很大程度上是要自己学会如何将消极情绪转换为积极情绪,将负面的体验转换为有益的教训。对自己诚实是一个成长的过程,其中包括体验人生的起伏。获得个人成功意味

着，你在跌倒的时候能够清楚地知道怎样才能让自己站起来。

那些勇敢地追求真我、随心而动的人有时也会跌倒。遭遇错误、挫折之后重新修整是人生的一个部分，是我们学习和成长过程中的一个重要部分。

> 在人生中，成功者与失败者最大的区别在于能否从失败中崛起。

成功对每个人来说都是不同的。对一些人来说，人生像是坐了一次过山车，他们沉醉于其中的刺激和惊险。对另一些人来说，人生则像是坐着缓慢升降的摩天轮，尽管有起有落，但可以更好地欣赏到美好的景色，让自己畅所欲言。他们大部分时间都在享受不被打扰的过程。当然，每个人的人生路都是独一无二的，但都会有高低起伏、迂回曲折、起承转合。

即使获得了更大的个人成功，你仍然会有烦恼，这些烦恼终将引导你去感受更多的快乐、爱、平和与自信。如果你学会消除烦恼的方法，就会意识到它们有多么重要，它们是你人生中不可或缺的能力。如果你期望的是体验既没有消极情绪也没有积极情绪的人生，那么请到墓地去看看，在那里安歇吧。

活着就意味着改变。个人成功的秘密是与你内心的平和、快乐、爱与自信相联系的。当你充满自信，知道怎样去得到想要的事物时，你就会少些焦虑，接受"人生是一个过程"的观念，你要明白：有时候必须花一定时间才能得到自己想要的。当你敞开心胸、忠于自己时，你就能欣赏自己人生旅途中的每一步。当你认为自己只适合做些力所能及的事情时，你期望完美人生的想法就会逐渐离你远去。

|前言| 打开幸福的大门

你拥有通往未来的力量，手握着打开未来之门的钥匙，你可以做到，而且只有你才能够做到。有了这些新的观念之后，无论在获取成功的道路上遇到什么问题，你都将找到答案。你的这种新观念将会帮助你理解人生中的经历，让你在满怀信心的同时知道怎样到达你想去的地方。这里所讲的4个步骤，将为你追寻理想生活提供一幅行动与情感上的路线图。

第一篇

觉醒的人生，是内在成功与外在成功的最佳平衡

The secret
to
get
what you want

第1章
金钱买不到幸福

> 当我们体验到的幸福并不依赖外在环境时，快乐将会延续。
>
> 物质成功，只能让原本幸福的你感到原有的幸福的程度。

许多人获得了很多外在财富，但内心缺少平静。世界上有许多富翁缺乏幸福感，他们难以维持稳定的亲密关系。这是因为他们一直认为赚更多钱，或者得到更多"名誉"，才会让他们的人生得到最大的满足。

我们都知道，金钱是买不到幸福和爱的。尽管人们对这个格言感到相当熟悉，还是不可避免地陷入外在成功能够令人幸福的幻觉之中。我们越是认为金钱能够让我们幸福，在没有钱的情况下就越多地丢弃自己感知幸福的能力。

读到这里，你或许在想："是啊，我知道金钱不能真正使我幸福，但它肯定能够帮助我获得幸福。"这种想法似乎有一定道理，实际上它是剥夺你感知幸福能力的错误观念。如果你要重新设定人生方向，确保朝着成功前进，你就必须认识到金钱是不能让你幸福的。金钱使你或者他人幸福的体验，只是一种幻觉。

觉醒的人生：心想事成的秘密

打破幻觉，更好地理解生活

让我们来探讨一下幻觉的本质。你每天见到太阳东升西落，心里却知道，其实太阳并没有动。尽管你的感官感觉到了太阳在移动，你的头脑却清楚它是一颗恒星。对于地球，虽然你在感官上感到它恒定不动，但你知道它在绕地轴旋转，绕太阳公转，所以太阳的移动是一种幻觉，实际移动的是你自己。

对这种幻觉的理解需要有抽象思维，儿童是无法理解的。小学教师发现，在儿童的成长中，有一种从形象思维到抽象思维的转变。在大多数情况下，这种转变几乎是在一夜之间发生的。一个小学生不明白什么是代数方程式，而在某一天，当他的大脑准备好的时候，他突然就理解了。如果他的大脑尚未准备好，不管你怎样解释，都没法让他理解。

> 头脑要到达一个特定的程度，才能识别或理解幻觉。

儿童这种从形象思维（世界如你所见）到抽象思维（概念也是真实的存在）的转变，通常发生在青春期前后。儿童到十二三岁时，大脑已经发育完整，他们完全可以理解成年人世界里显而易见的概念。正如儿童大脑的成长发育过程一样，人类大脑的能力也随着时代的推进不断得到增长。古时候伟大人物都难以理解的理念，现在 14 岁的中学生就可以解释清楚了。

仅仅在几百年以前，所有人都认为地球是平的，太阳是跨越天空移动的。那时的人们还没法理解这种简单的幻觉。因为想要理解地球是运动的，人们的大脑就要做好抽象思维的准备。哥白

|第1章| 金钱买不到幸福

尼在1543年阐述这个现象的时候，很多人都无法接受这个有挑战性的观点，教会还把他当成危险分子，并把他囚禁在他的家中，终了余生。

数年后，他的发现才被接受。从此，人类有了一个飞跃。大多数人无法理解的事情成为事实。而现在，人类正面临另外一个飞跃，这个飞跃能够让人类理解个人成功的秘密。所有的伟大学说都已经将人类引向了这一点。而且，学代数的学生总是要依靠基础的"形象思维"数学技能才能取得进步。在我们勇敢前行的同时，这些重要的传统将继续成为我们进步的坚实基础。

在这个思潮活跃的时代，许多幻觉正在被重新认识，例如，男女关系的幻觉。我一直有这样的疑问：以前为什么没有人写《男人来自火星，女人来自金星》呢？这本书中的道理如同一般常识那样显而易见。

对我这个问题的简单回答是，这是一个顺应时代而生的观点。在几十年之前，这个观点都没有如此受欢迎。20世纪80年代初，我刚开始宣讲"男人来自火星，女人来自金星"的时候，一些人还是很难接受的，甚至曲解和误解了我的一些观点。其实他们只是无法理解这样一个观点：男人和女人是不同的，并且是一样优秀的。在他们看来，如果男女不同，那么就得有一个性别要优越一些。由于我是男人，人们总以为我是在说男人要优于女人。经过我多年不断努力，人们渐渐接受了"男人来自火星，女人来自金星"这个观点，这不仅在美国成为常识，而且得到世界各地人士的认同。这种理解的转变是全球性的。

每一代人头脑中的常识，都是在前辈的基础上进行新的探索而形成的。就在几十年前，妇女运动的主题是"我们相同，所以我们平等"，女人与男人没有什么不同。为了获取平等，女人不得不去证明她们跟男人是一样的。至少，现代社会正在放弃一个性别优于另外一个性别的观念。所以，我们再次达成了这样一个共识，即男人和女人是不同的，同时我们也已经认识到，男女性别的不同并不意味着一个性别优于另外一个性别。

> 每一代人头脑中的常识，都是在前辈的基础上进行新的探索而形成的。

我们刚开始承认性别的平等，不再错误地认为一个性别从本质上优于另一个性别。

幸福不是获得更多的金钱

有了常识方面的进步，一扇全新的大门正在人类面前打开。现在我们可以揭穿其他幻觉了：外部世界决定了我们的感受，外在成功可以使我们感到幸福。

尽管从表面看来，外部世界决定了我们的感受，但实际上我们的感受完全是由自己决定的。当外部世界给予我们更多自己想要的事物，并"使我们感到幸福"的时候，这种幸福是短暂的，因为我们会继续认为，要幸福就需要得到更多。一旦我们认定自己需要依赖外在世界，我们的内在就会变得更加微弱；一旦我们认为得不到更多事物，幸福感就会消失。而当我们相信不依赖外在环境仍能持续地体验幸福时，快乐就会延续。让我们以金钱为例做个探讨吧。

让我们幸福的并不是金钱，而是我们的内在信念、感受和欲望。获得更多金钱后，我们之所以会自以为幸福，是因为我们相信此时我们可以做自己了。而实际上，是展现真我的信念让我们

第1章　金钱买不到幸福

感到的幸福，而不是金钱。在一个短暂的阶段内，我们有理由相信，"现在我有能力展现自己，做我想做的事了"。

我们之所以坚定地认为金钱能够使人幸福，是因为我们一直无法作出内在转变，无法发现其实我们本身具有可以让自己幸福的能力。现在，我们已经具有了体验自己内在善良和伟大的能力。通过一些指导和实践，我们就可以开始体验到这种重要见解的实质。

我们之所以认为，在任何情况下，金钱能使我们幸福，是因为我们相信金钱能够让我们成为自己想做的人，做我们想做的事，体验我们想体验的过程。其实，我们缺少了体验原本已经很开心、很慈爱、很平静且很自信、很自我的能力。

然而，这种体验对每个人来说都是触手可及的。过去，只有少数人才能做到，而且有时候还需耗费一辈子才能做到。现在，只要我们肯朝着一个新方向往前走走，立即就可以获得这种体验。过去只有那些远离社会，寻找内心平静的隐士才能做到的事情，现在所有人都可以做到了，而且还不用放弃我们已经拥有的正常的生活方式。

吉姆前来向我咨询的时候显得很沮丧。他大约42岁，对自己当时的生活状态很不满意。当看到有人开着名车经过他身旁的时候，他就会感到很不舒服，觉得自己是个失败者，达不到那些人的生活水平，是因为自己不够优秀。

他怨恨别人拥有的比自己多。所有正确的事情他都做了：他好好学习，努力工作，到教堂祈祷。为什么他就是得不到那些名车呢？为什么他总是错过机会呢？吉姆对财富充满了怨恨和不满，也为自己感到可惜。

自从参加了一次"个人成功"的研讨会之后，他便对金钱的态度有所改变。他意识到自己根本没有真正在乎过金钱，所以他没有很多钱。尽管他想积累一些钱，但他意识到实际上自己的日子过得也不错。他还开始明白，由于拒绝金钱，他拖累了自己。

如今，他面临的新挑战是，如何让自己在收入少又渴望赚更多的情况下保持开心。当他再看到名车的时候，他会告诉自己："那是给我的。"在他放弃对金钱的怨恨和不满后，他开始准许自己去获取更多的金钱。他原谅了自己在人生中受到的挫折和犯下的错误，甚至对自己从中得到的教训心存感激。

他明白了，他既有能力获取更多的金钱，也有能力利用现有的一切让自己幸福。他清楚地体验了自己不需要更多的金钱也能得到幸福的快乐。他放弃了对金钱的依赖，反而开始赚到更多的钱。他已经知道实现自我满足的秘密，并能够在享受当下的同时让自己得到更多。

25年前，我开始宣讲取得个人成功的各种法则，当时的收效非常好，但那些法则如今已经不完全适用了。这些法则是我花了很大精力获得的。人们在一次为期两天的周末研讨会上就可以获得的事物，我花了很多年才认识到。

现在与过去之间的区别，就像是黑夜与白天的区别。作为一位长期活跃于演讲讲台、经验丰富的老教师，我目睹了这种转变。"我们自己才是唯一对自己的感觉负责的人"，如今，对这种见解的理解能力，人人都可以获得。由此可见，个人成功的秘密也终将能够被所有人理解和应用，而不是仅仅掌握在少数幸运儿手中了。

拥有金钱、名誉、美满的婚姻、好工作、漂亮衣服，甚至中彩票，或者任何其他形式的外在成功，就像是一面放大镜，放大了你的内在感觉。如果你已经很平静，那么你会感到更加平静；如果你已经很开心、很幸福，那么你就会更加开心、更加幸福；

第1章 金钱买不到幸福

如果你已经很自信,那么你就会变得更加自信。

另外,你人生中的快乐、爱情、自信和平和,会随着你不幸福的增加而减少。在没有获得成功经验的情况下,"想要更多"将会毁坏你的人生,制造更多的问题。如果你原本就不开心,那么富足并不能让你变得开心。

如果你已经感到很幸福,而且知道自己并非依赖于更多的金钱就获得了这种幸福感,那么,财富就会让你感到更加幸福。想赚到更多钱没有什么不对。如果忘记幸福的真正源泉来自我们的内心,对金钱的追求就会限制我们得到幸福。

得到你想要的事物和珍惜你拥有的事物的秘密,是无论外在条件如何都能够开心、慈爱、自信,并且保持平静。然后,随着你获得的外在成功越来越多,你可以越来越开心。学会在现有条件下开心,物质财富就会根据你人生中的真实需要,以一种适当的方式接踵而来。

无成功,真的不幸福吗

所有外在成功的内在承诺都只是人的幻觉。不幸福的时候,我们会认为有一辆新车、一份新工作,或者一位体贴的伴侣,就能使我们变得幸福。然而,我们每获得一件事物,负面效应也会接踵而至。

当我们不幸福的时候,我们通常会认为"获得更多"能消除我们内心的痛苦,但这是行不通的,满足感永远不会到来。只要我们"因为没有得到更多"而持续这种不幸福感,外在成功能带来幸福的幻象就会得到强化,我们就会越来越坚信"无成功,不幸福"这样错误的信念。这里有一些常见的例子:

"在赚到100万美元之前，我是不会幸福的。"

"在付清各种账单之前，我是不会幸福的。"

"除非我妻子有改变，否则我是不会幸福的。"

"除非我丈夫能够更加体贴我，否则我是不会幸福的。"

"除非找到一份更好的工作，否则我是不会幸福的。"

"除非我体重减轻，否则我是不会幸福的。"

"除非我赢了，否则我是不会幸福的。"

"除非我被人尊敬或者欣赏，否则我是不会幸福的。"

"我的人生有这么多压力，我是不幸福的。"

"因为有这么多事要做，所以我不幸福。"

"因为没有足够的事情可做，所以我是不幸福的。"

开始的时候，得到了想要的事物看起来行得通，但是，经过一段短暂的幸福感之后，我们会再次感受到不幸福。跟以往一样，我们错误地认为，赚到更多的钱，得到更多事物，会让自己幸福，会消除痛苦。不幸的是，每次期望能够从外在成功获得满足的愿望实现时，我们的内心都会再一次地感到空虚，自我的人生不是更加幸福和平静，而是更加混乱和不安。

为什么网络上会充斥着一些富翁、名人的不幸故事呢？对某些名流而言，名声和金钱只能带来痛苦、暴力、背叛和沮丧。

> 如果没有学会创建个人成功，那么在人生中获得越多，我们就越会感到不满和焦虑。

这些富翁们的人生事例充分证明了，只有我们的内在已经拥有乐观心态，外在成功才能带给我们满足。外在成功既可以是天

第1章　金钱买不到幸福

堂,也可以是地狱,一切取决于我们内心的感受。

个人成功来自内心,不仅要坚持做自己,还要爱护自己,这意味着你在做自己想做的事情的过程中感到自信、开心,充满力量。个人成功包含的不仅仅是实现目标,也包含了取得成功之后,你对当下状态感到感激和满意。没有这些,无论你是谁,也无论你拥有多少财富,都无法拥抱幸福。

> 在你对自己,自己的过去、现在和将来由衷地感觉良好的时候,你就获得了个人成功。

想要获得个人成功,我们必须认识到,把物质成功当作最重要的事情,是有百害而无一利的。达到了一个目标,还觉得不够,这有什么好处呢?得到了你一直想要的事物,转身又不想要了,这有什么好处呢?获取了亿万美元,然后对着镜子看,觉得镜中的自己不可爱,这有什么好处呢?你唱了首歌,别人都喜欢,你却打心眼里不喜欢,这有什么好处呢?

要找到真正而长久的幸福,我们必须在思想上做一个微妙而重要的转换,我们必须把获取个人成功而不是获取物质成功当作优先的事情。

长久的幸福来自内心

获得你想要的事物,只能让你有限度地开心。做好一件事,学会一些新知识,只能让你有限度地自信。爱别人,只能维持在你爱自己的程度上。在生活中花时间用来享受平静与和谐,也只能达到自己已有的程度。外在世界,只能带给我们那些内心已经感受到的爱、快乐、力量和平静。

觉醒的人生：心想事成的秘密

> 物质成功，只能让原本幸福的你感知原有的幸福程度。

如果你已然很快乐，在生活中的每个角落你都可以感受到快乐。这就像舒服地泡热水澡，如果你动也不动地躺着，很快你就注意不到水温了。如果你动一下身子，把水搅动了，你会再次感觉到水的温度。要感受水温，必须满足两个条件：你必须身处热水之中，你必须动一动。

如果用类似的方法来体验人生的幸福，我们就必须身处幸福之中，然后才能体验梦想成真之后所产生的幸福波浪。如果我们已经很幸福了，没有巨大的物质成功，我们也能产生美好的、令人愉快的幸福之波。

如果你是躺在一个联结你的内在能量和自信心的浴缸里，只要你动一动就可以体会到自信的波浪。当你躺在爱和平静的浴缸里时，你做的每个动作，都将会带给你爱和平静的波浪。

相反，当你感到不幸福、缺乏爱护、没有安全感，或者压力重重时，日常的互动就会带给你不幸、失望和苦恼的波浪。无论在获取自己想要的方面有多么成功，你终将痛苦和感到有压力。

当外在成功带给我们烦恼时，我们会把不幸福的原因归结为无法再次获得一件期望中的事物，这是人们很容易犯的错误。我们在烦恼的时候，总想获得某些事物，会想当然地把不幸福的原因归结为无法获取想要的事物，这种归类是不对的。

随着你获得越来越多的成功，你就会发现，想要更多而不得是你不幸福的原因。如果你的内心快乐而且自信，在努力追寻的过程中，你就能感受到很多快乐、爱、自信和平静的波浪。

第1章 金钱买不到幸福

渴望或者想要更多是我们灵魂、头脑、心灵和感官的本性。灵魂总是想要变得更伟大，头脑总是设法知道更多，心灵总是渴望能够给予并获得更多的爱，而感官则总想享受更多愉悦。坦白地说，我们总是欲求不满。

> 想要更多是我们灵魂、头脑、心灵和感官的本性。

在婚姻中，想要更多的爱是正常的。在工作中，想取得更大的成功是正常的。享受感官的愉悦并想得到更多的快乐，也是正常的。想要更多是我们的自然状态。欲望没有任何错，富足、成长、爱、愉悦，以及朝着获取更多的方向前进，是生活的本质。

想要很多却得到很少，并非我们不幸福的原因。不幸福只不过是内心缺少快乐，与外在条件毫无关系，却与黑暗相似。黑暗是因为缺少光亮，而消除黑暗的方法，就是打开灯。同样，只要我们学会打开心灯，烦恼就会减少。

> 黑暗无法直接消除，但你打开灯时，它自然就会消失。

我们触及自己真实本性的时候，自然就会感到开心。这是为什么呢？因为真实的自我早已很开心了，我们的真实本性充满了爱心、快乐、自信和平静。要想找到幸福，我们必须开始一段内心旅程，恢复和记住真实的自我。通过审视内心，我们会发现，那些苦苦寻觅的欢乐、爱、力量和平静，其实早已经存于我们的内心，我们原本就拥有这些美好的品质。

开心，成功就会接踵而来吗

在文学作品和电影中，经常有人把灵魂出卖给魔鬼或者"黑势力"，以获得成功。尽管这些故事是虚构的，但实际上隐喻了现实中的很多真相。放弃真实的自我，获取外在成功是很容易的，这也就意味着我们把外在成功看得比爱、欢乐和平静的心灵需要更为重要。

爱、欢乐、信任、同情、耐心、智慧、勇气、谦虚、感恩、慷慨、自信和仁慈等，是每个人固有的品质。如果你拒绝体会这些品质，就是在出卖自己。你可以获得外在成功，但这种成功并不能真正使你开心。

你将全部注意力都投入在外在成功上，也许可以迅速获得成功，但你会在这个过程中迷失自己。你会失去珍惜眼前的能力，会失去体验头脑中的平静和心灵中的爱的能力。幸福既不会转瞬即逝，也不会总是待在角落里让你够不到。

很多人背叛了良知，获得了巨大的外在成功。他们否认了内在善良的自我，使自己变得强大。当你不在乎任何人时，一切似乎好办多了，你会很容易赢得外在成功。这是物质成功黑暗的一面，不适用于所有人，但它的确说明了为什么有些非常卑劣的人会如此强大。

由于这些人不在乎他人的需要和感受，或者不在乎什么是公平的，他们可以变得自私自利。由于不用顾忌他人的需要，他们可以冷酷地前进。历史上从不缺乏那些以虐待、无视、损毁他人获取名声和财富的人，他们在乎的只是权力，而不是发生在他人身上的事情。对他们来说，外在成功重于对自己诚实。尽管从表面看，他们的人生繁荣富足，但他们的内心极其贫瘠。

第1章 金钱买不到幸福

开心，成功就会接踵而来吗？

并不总是如此。

有些人选择忠实于自己，却也经常错失获取外在成功的机会。他们随遇而安、笃信命运，或者仅仅是顺其自然。有时候"别担心，开心点"或者"放手，让上天去做吧"成了他们的座右铭。他们相信，如果把注意力放在开心上，成功就会到来。尽管这听起来很好，但事实并不总是如此。对自己诚实可以让你开心，却无法确保你能够得到你想要的。

世上有很多开心的人，从外部来评判，他们并没有多少财富。我到印度、东南亚、非洲地区，以及世界其他地区的村庄访问的时候，注意到有很多人一生中没有获得任何外在的物质成功，却充满了惊人的欢乐和平静。世上到处是开心却贫穷的人，即使是在富裕国家，一些最善良、最乐于助人的人，仍然在艰难地支付自己的账单，而且入不敷出。这些人找到了很高程度的欢乐和爱，却不擅长在这个世界获得自己想要的事物。

> 世上到处是开心却贫穷的人。

有些人只是不那么在乎物质成功，但有些人却拒绝外在成功，指责它是邪恶或世界上各种问题的根源，这种指责是缺乏根据的，他们不分好坏，全盘否定了事实。只因为有些获得物质成功的人滥用了权力，他们就错误地拒绝了自己的本能欲望。无论是有意拒绝还是仅仅不那么在乎它，都是对财富抱以消极态度。

仅仅在内心保持开心是不够的。如果想按自己的意愿生活，我们就必须允许自己想要更多，仅仅不在乎钱是不够的，我们最好还是考虑得稍微现实一点。也许我们不知不觉地阻碍了自己的本能欲望。尽管我们已经很开心，但实现自我价值，可以让我们获得更深层次的幸福。

有时候没有获得想要的事物，我们就会用"灭人欲"的方法处理。我们宁愿麻痹自己的内心痛苦，并不断地对自己说"这并不那么重要"，或"我才不在乎呢"，这种话最终会使我们麻木不仁，将我们天生的欲望活活扼杀掉。

从僧侣到百万富翁

我 20 多岁的时候，曾经经历过一个拒绝外在成功的阶段。在瑞士我作为僧侣生活了 9 年，然后终于"找到了上帝"，并发现了一个内在幸福的巨大源泉。从一定程度上来说，我那时放弃了自己对外在成功的需要。然而，我仍然想要在这个世界上有所成就，所以我祈祷，请求上帝给我指条明路。最后，我的内心把我指引到了加利福尼亚。

在洛杉矶生活的那段日子里，我更是几乎拒绝了一切物质成功。我认为富有的资本家是自私的，为了获利总是不择手段，他们应该对世界问题负责。他们缺乏对他人和环境的尊重、同情，只顾自己，贪得无厌地满足自己对财富和权力的野心。我决心反叛到底，我拒绝去找工作，将自己的钱全部发给穷人。几个月之后，我自己也无家可归了。

一天晚上，我与一些同样无家可归的人围坐在一个火堆旁边，我经历了人生的一个重要转折点。当我坐在那里讲述和分享我的想法时，有一个人递给我一瓶啤酒，然后说道："约翰，我们喜欢听你的演讲，但我们根本就不知道你在讲些什么。"我们都哈哈大笑起来。

那天深夜，我一直回想着他的话，这是将我带回现实生活的

第1章 金钱买不到幸福

催化剂。我意识到,我需要找到自己在这个世界的位置,可以按照自己觉得对的方式有所成就;我还意识到,我正在失去很多以前习以为常的安逸。尽管我的心里充满了爱和欢乐,但时常也会感到痛苦,这种生活方式不适合我。我感到寒冷、饥饿、贫困、害怕和迷茫。当我面对上帝的时候,我开始向他请求帮助了。

尽管9年的僧侣经历教会了我怎样找到内在幸福,但在那天晚上,我发现自己的灵魂想要的更多。我明白了仅仅对当下感到开心还不够,我们还必须尊重物质欲望。

当我饥饿的时候,会有人请我去吃饭;当我对在车上睡觉感到厌烦的时候,会有人请我到他家里玩玩;当我的车需要汽油的时候,父母会给我寄来汽油卡。通过这些礼物所感受到的欢乐和宽慰,帮助我开始放弃对金钱和财富的消极态度。

我以前总是按耶稣的话来过日子,因为他说过:"先在你的内心寻找天堂王国,然后,所有其他的一切就会降临到你身上。"嗯,从那个夜晚开始,我开启了人生旅程中的一个新阶段。我已经在内心找到了天堂王国,现在是时候按我自己的方法去获得一切了。在接下来的整整9年里,我想要的一切都得到了,而且远远超过我所能想象的。

我花了9年时间才找到了真实的自我。很巧的是,我又花了9年时间赢得我在外部世界想要的一切。然后,又经过一个9年,我所获得的成功超出了我的最高期望和梦想,我还总结了一套让其他人能够更快地实现梦想的实用方法和工具。尽管为了找到内在成功我花了9年时间虔诚地做冥想、祈祷,但其他人没有必要也花这么长的时间。只要我们每天花10~15分钟冥想,便能在内心寻找到自己的天堂王国。我们已经进入一个新世纪,再没必要放弃现实世界。

财富的意义

在回顾个人历程的时候，我发觉自己走了很多弯路，犯了很多错误。然而对我来说，要找到自己的路，这些错误是不可避免的。所幸的是，我人生中有足够的爱和支持，让我可以从这些错误中吸取教训。在尝试了物质匮乏的苦楚之后，我允许自己要求得更多。经历了痛苦我才知道，如果不提出要求，就无法得到。

除了祈祷之外，我知道我还拥有获得成就的资源，这是帮助我前进的力量。我并不孤单，我有家人和朋友，他们在关心我，也愿意帮助我重新开始。

我之所以能够如此快地放弃过去，是因为我可以从家人和朋友那里获得爱和支持。我们必须尽自己所能去做事，以获得我们所需要的。

要获取外在成功，祈求上天是行不通的，你还必须获得成长所需要的事物。种子是健康的，土地是肥沃的，如果你不给种子浇水，它就无法成长。为了体验内在和外在的成功，来自他人的爱和支持是必要的。在获得所需的爱和支持之后，我们就能回顾遇到过的匮难，从中学习成长。离开了爱和支持，我们就有可能带着怨恨和指责回顾过往，这不利于成长，也无法获得重要的教训。

对我来说，贫穷和无家可归帮助我对物质世界敞开心扉。当我从头再来一次的时候，我真的学会感激金钱。我很清楚地知道，金钱可以成为来自天堂的祝福，也可以成为通往地狱的门票。金钱本身是中性的，是我们赋予了它正面或负面的意义。无家可归的经历，让我对金钱充满了感恩。

第1章 金钱买不到幸福

一位朋友发现我需要钱时，给了我50美元，我还记得当时自己发自内心的欢乐和感激。由此我意识到一个饥饿的人的确会对生活中最简单的事情心存感激。我对自己所拥有的一切心存感激，加之与日俱增的自信心，这像一股巨大的磁力，将成功吸入我的人生。

即使到了今天，尽管我喜爱外在成功的舒适和荣耀，我仍然会到世界各地游荡，在一些欠发达的地区像当地居民一样生活。我知道舒适生活不是天经地义的，原始简陋的生活让我对现实心存感激。

如果你最大的忧虑和挑战是到哪里获得瓶装水、卫生纸、熟食、洗澡间和一张床，那么你的人生就会充满压力。当我再次体验到曾经舒适的生活时，我也能够开心。在没有了头脑、心灵和感官的乐趣之后，灵魂的内在之光就有机会释放出巨大的能量。

然而，如果我不知道我有能力从头再来，有能力创建物质成功，这一切将不能成为对我如此有启迪意义的体验。当我选择放弃文明的乐趣时，我很清楚这种选择不是永久的。我仍然尊重自己对乐趣、舒适、富足、金钱、家庭、朋友和健康的欲望。五六天之后，我就会回到舒适的生活中。当我终于在一家高级旅馆找到一间带热水的房间时，我体验到了异常的满足和欢乐，这便是外在成功的价值和意义。

毫无疑问，对金钱的追求正在伤害我们的世界，但不要忘记其中的根源。物质富足或者对物质富足的欲望不是罪魁祸首。只有将外在成功当作主要的关注点，并且忽视自己的内在时，外在成功才造成自我的苦恼。

获得金钱和外在成功的欲望是健康的，至少是有益于健康的。

世俗的成功没必要夺走真实的自我，你可以获得外在成功，同时忠于自己。你可以获得你想要的，同时继续喜爱和照顾你已有的。只要知道了怎样创建个人成功，你就可以同时体验内在成功和外在成功了。

第二篇

找到你想要的幸福

The secret
to
get
what you want

第2章
获得你需要的爱与支持

> 如果心灵无法获得所需的爱与支持,很有可能是你找错了方向。

至此,我们首先探讨了怎样通过对自己诚实,从而找到内心的幸福,以及把我们的注意力放在外在愿望上的重要性。但是,在你不开心的时候,如何才能找到自己的内在幸福呢?在你缺乏爱的时候,怎样才能爱你自己和他人呢?在你对着镜子看你不喜欢看到的事物时,你能做些什么呢?你尝试着去爱你的邻居,反而被搞得很烦;你尝试着去爱你的配偶,却感觉不到爱;你尝试着去喜欢你的工作,却感到更加厌烦;你爱你的家庭,却感到内疚……因为你只想离开。

在这个世界让你感到失望的时候,你怎样才能找到幸福呢?

这个问题的答案就是:确定你的需要,然后获得它们。一辆可以正常运转的车,没有了电或者汽油,就哪里也去不了。同样的道理,得不到自己需要的事物,我们就会在一段时间内忘记自己的本性。开心就是我们的本性,如果要体验它,并与它保持联结,我们就需要感受一种特殊的爱和支持。除非我们敞开心扉去接受爱与支持，否则我们是无法找到回家之路的。

无论何时，你感受不到内在成功，都与我们在外部世界无法得到自己想要的事物毫无关系。我们通常自认为与其有着密切关系，实际上却正相反。当我们生活压力太大，找不到平静、爱、欢乐和自信的时候，我们需要记住自己是谁，重新与我们的内在本性联结。除非我们先获得内心所需要的，否则我们无法找到内在幸福。

在感觉幸福的时候，我们获得了真正需要的爱。如果我们感到烦恼，通常是因为我们缺少了爱。爱就像是燃料，当我们无法获得所需的燃料时，我们就会自动停工。一盏完好的电灯，如果没有电，就不会带来光亮。爱，给了我们与真实自我联结所需的力量。获得我们需要的，就像是打开电源让灯亮起来。如果线路已经联结好，那么，我们只需打开电源。

让梦想成真的8种爱的维生素

正如身体要保持健康，就需要确保足够的水、空气、食物，以及维生素和矿物质一样，我们的灵魂需要各种爱才能成长，它们会通过我们的头脑、心灵和身体，让我们可以充分地表达自我。头脑通过意图、目标、积极的信念以及信仰，协助灵魂完成其在这个世界的目的。心灵通过接受灵魂所需的养料滋养自己。感官则通过提供必要的外在世界信息和开心的体验，给灵魂输送食粮。

除非灵魂获得它需要的，否则就无力为我们指引人生，并且带给我们满足感。离开了与灵魂的联结，我们就会迷失。我们自认为知道自己的去向，但我们终将无法感到真正的满足。要与灵魂建立一种联结，我们就必须敞开心扉接受爱。灵魂要健康强壮，

|第2章| 获得你需要的爱与支持

就需要有不同的爱作为支持它成长的维生素。

当我们心扉紧闭,或者我们的头脑向错误方向寻找幸福时,我们无法获取内在成功。要学会确定自己爱的需要,然后敞开心扉去接受不同的爱,我们才能始终与内在自我保持联结。

要想获取个人成功,我们需要8种爱的维生素。或者,如果想要体验你的真实自我,你就得敞开心扉,去接受并积蓄这些维生素,才可摆脱困扰,从而获得我们所需要的成功力量。无论如何,这些不同种类的爱的维生素都是我们必须有的,它们分别是:

1. 维生素 P1——父母的爱和支持。
2. 维生素 F——亲人、朋友的爱和支持。
3. 维生素 P2——同辈、志同道合的人的爱和支持。
4. 维生素 S——自己的爱和支持,即自爱。
5. 维生素 R——伴侣的爱和支持,即婚姻和浪漫。
6. 维生素 D——尊重和支持我们的人或关爱子女。
7. 维生素 C——社会的反馈。
8. 维生素 W——世界的反馈。

完美的人生需要以上8种爱和支持做燃料。你对人生不满(没有内在成功),通常是因为你没有获得你所需要的爱和支持。当然,在很多情况下,也有可能你的心扉已经敞开,但是看错了方向;而在另外一些情况下,你看对了方向,只是有可能关闭了自己的心扉,无法吸收灵魂所需的爱。了解了爱的维生素,学会怎样获取自己所需的爱和支持,你就具有了让自己梦想成真的能力。

不同的情感缺失,需要不同爱的维生素

如果我们的自我是一个整体,那么这些不同的爱和支持都是我们必需的组成部分。尽管每种爱看似同等重要，但现实的情况并非总是如此。如果你身患疾病，有可能你只是缺少某一种相关维生素。尽管所有的维生素都很重要，但在这种情况下，你所缺失的对你来说才更重要。如果你开始吸收缺失的维生素，你的健康就会得到改善。

同样，如果你缺失某一种特定的爱的维生素，不管你获得多少其他的爱的维生素，你都不会幸福。有些人敞开自己的心扉之后，就开始迎来自己的美好人生；有些人开始爱自己，并承担让自己生活得更好的责任之后，开始感受到幸福；有些人处于一种情爱关系之中，就能够找到幸福；有另外的一些人，从与家人、朋友在一起的时光中获益最多。缺失的情感不同，人们对爱的需要也会不同，缺失了哪种爱的维生素，对其的需求也就会更大一些。

> 每个人对爱的需要，都因自己缺失的情感不同而不同。

当一个饥饿的人得到食物时，他会感到非常开心，会感到这些食物非常美味。可对一个刚吃完大餐的人来说，再美味的食物也不会引起他的食欲，不会让他体会到那种无以复加的满足感。美味的食物得到的太多了，会使我们失去欣赏它们的能力。这时，我们不再想多吃一点，而是想方设法地离开。

克里斯曾经长期投身于教会活动。多年来，他一直感到很满足，他有一位好妻子、一个幸福家庭和一份好工作。当他到了40多岁时，他开始感到很压抑。他咨询的结果表明，他甚至因为压抑而感到内疚。

|第 2 章| 获得你需要的爱与支持

他认为自己应该开心才对,因为他将自己的人生奉献给慈善事业以及他所信奉的上帝,他不明白自己为什么会如此压抑。他觉得内疚,因为自己没有像刚开始参加教会活动时那样快乐,并且与他信奉的上帝联结。

在了解了爱的维生素之后,克里斯意识到自己没有做过任何有趣的事情。他缺失了维生素 F 和 S——他过于在乎自己能否做个好人,以至于没有为自己考虑更多;他过于忠实对上帝的奉献,以至于没有留下时间让自己放松和享受。

为了消除这种压抑,他需要将自己的注意力从信奉上帝上面转移开,把关注点更多地放到自己身上。他决定休假一段时间,他买了一辆好车,带着妻子和孩子去旅行。他让自己做一些以前绝不会做的事情。他和妻子一起阅读了一些关于两性关系和使人感到浪漫的书籍,并开始在家庭中寻找更多的乐趣。

由于他在没有内疚的情况下,将注意力转移到自己身上,他开始感觉到自己越来越好。在摆脱自己的思想包袱之后,他感觉重新得到了认可和支持。他终于明白,给自己一点时间并不意味着不忠于上帝。

你需要的爱总是可以得到的

尽管你的灵魂能吸引你需要的爱,但你的头脑必须知道自己需要什么,并且必须敞开心扉接受它。如果你只知道自己需要爱,但心灵始终无法得到自己想要的爱和支持,那么,你有可能找错了方向。你无法获得自己想要的事物,很有可能是因为你企图从一个爱的源泉中获得所需的一切,并企图仅靠一种爱的维生素就能保持自己健康的平衡。如果你坚信自己无法获得想要的爱,那么这就是你找到了错误的爱的维生素的明显标志。

觉醒的人生：心想事成的秘密

这种情况经常发生在婚姻中。人们结婚后，常常会忽视其他爱的维生素，他们期待能够从伴侣那里获得想要的一切。为什么呢？因为，在开始的时候，一切都非常美好，他们感觉自己就像置身于天堂。难道不是吗？找到了可以与自己分享爱的人，满足自己对维生素 R 的需要，他们得到了亲密伴侣的爱和支持。这种感受非常好，以至于让他们忘记了自己还有其他需要。

这种置身天堂的感受是暂时的。在获得大量维生素 R 的同时，他们没有意识到，自己还有其他的需要没得到满足。尽管你的灵魂需要所有的 8 种维生素，但你的心灵一次只能吸收其中的一种。即使 8 种维生素都短缺，但心灵在接受一种维生素的时候，仍然会让人感到自己全部的需要好像都得到了满足。

> 尽管灵魂需要 8 种维生素，但心灵一次只能吸收其中一种。

如果你缺少维生素 R，同时也缺少其他维生素，那么在获得维生素 R 时，你会开心地忘记其他的需要。但是，当维生素 R 完全满足需要时，你会立刻意识到其他未满足的爱的需要。

当我们的灵魂得到一种爱的维生素补给的时候，我们开始意识到自己其他爱的维生素尚有缺失，并且其程度与我们已得到的爱的缺失程度相等。在亲密关系的某个节点上，当我们从维生素 R 那里接受了所需的事物，我们必将开始感到自己其他需要的空缺。

这就解释了为什么很多情侣相爱之后，又会很快分手。每一段亲密关系的开始都是令人沉醉的，因为我们暂时地忽略了其他爱的维生素的缺失。当我们与自己的本能联结在一起时，感觉是非常美妙的。而当维生素 R 得到满足之时，我们自然会再次感到

第 2 章 获得你需要的爱与支持

一种如同恋爱之前的一些不开心的感觉。

在这个感情的节点上，我们就无法感受到爱。不管我们怎么做，或者我们的伴侣怎么做，似乎永远不够。我们困惑了，这会让情况变得更糟，我们错误地将一切原因归咎到伴侣身上，不再去欣赏伴侣，也不想等待伴侣作出改变，反而想要改变对方。我们不再与心灵中爱的愿望联结在一起，我们试图把亲密关系变得更好，却越努力越让自己更加心烦意乱。当一对伴侣深陷于责备之中时，他们不仅丧失了获取心灵需要的能力，而且还会深深地伤害彼此。

学会分辨不同爱的维生素，你就不会被这种幻觉愚弄。当你在获取需要的事物时遇到了障碍，你就得学会改变自己的关注点和内心的想法，从而获得自己实际需要的爱和支持。你清楚了自己是怎样想的，又该怎样去做，自然可以得到自己想要的爱。

第 3 章
保持与真实自我联结的秘密

> 如果不自爱,谁的爱都无法让你感觉更好。

爱池可以直观地帮助我们理解,该怎样去获取所需的动力。请想象一下,如果每一种爱都有一个爱池,我们每个人就会拥有 8 个爱池。我们想要与真实自我保持联结,就必须确保自己的每一个爱池满池。

如果我们与真实的自我断开联结,就意味着我们其中的一个或者几个爱池的水位降低了。我们需要吸收相应的维生素给爱池注水,当爱池注满后,我们才能再次联结到真实的自我。

其实,保持与真实自我联结的秘密,就是要一直保持注满爱池的心态。只要我们一直给爱池加注,就能够体会到越来越多的快乐、平静和满足;保持与自己潜能和力量的联结,才能创建和吸引更多的事物。

一旦一个爱池满了,为了保持联结,你必须开始加注另外一个爱池。如果你不经常转换关注点,确保所有的爱都得到满足,你就会产生烦恼。例如,如果仅从伴侣那里寻找爱,你就会开始怨恨伴侣给你的爱不够。

相爱的体验实际上就是对维生素 R 的爱池的加注。如果这个爱池已经注满了,我们却仍然将关注点放在继续往里加注爱上,那么我们就会与自己内在的满足断开联结。

本想寻找那些爱的维生素,结果却导致了不满,这似乎很讽刺。当我们与真实的满足断开联结时,无论伴侣做什么事,似乎都是不够好的,而我们则会误认为,修复亲密关系能让情况好转。其实,我们需要的是,把关注点放在加注另外的爱池上。

当维生素 R 的爱池注满的时候,如果我们还将所有的能量和注意力都放到婚姻的问题上,只会把事情弄得更糟。如果意识不到这一点,在努力改善关系的过程中,夫妻双方越是努力,通常越会伤害到彼此。反之,学会转移注意力,很多没必要的争吵和伤害也就可以避免了。

乔治和罗丝结婚 8 年了。尽管他们运用了很多《男人来自火星,女人来自金星》中列举的沟通方法和建议,仍然遇到了障碍。乔治似乎总是不够好。他积极地尝试学到的技巧,但在妻子罗丝眼里他仍然不够完美。在罗丝看来,乔治总是不能在他们两人说话时跟她产生共鸣,也不能给她所需要的支持。

罗丝努力让自己变得有爱心,但她感到自己无论付出多少,乔治都会把她的要求当作批评。她总是小心翼翼,就像是踩着鸡蛋壳行走。尽管她想让自己变得更有爱心,怨恨却一直在增加。表面看来,她越是努力,就越是为自己在婚姻中得不到想要的爱与支持而感到怨恨。乔治和罗丝在他们的婚姻关系中已经失去了原有的浪漫。

在了解了爱池的知识后,乔治和罗丝约定:在 6 个星期之内,互相都不期望从对方那儿得到更多。在这段时间里,他们把自己

|第 3 章| 保持与真实自我联结的秘密

的关注点放在其他的需要上。他们把时间留给自己,积极地培养与朋友和其他家人的关系。他们随心所欲地做自己想做的事情,不再把期望放在对方身上。

经过几个星期的调整,他们两人都感到更加开心和满足。他们不再因为自己的烦恼责备对方,他们意识到自己可以生活得很好。通过加注其他爱池,他们对自己的感觉变好了,内心也更加满足了。

当 6 个星期结束时,他们安排了一次特别约会来修复他们的关系,他们两个玩得非常开心。这么多年以来,乔治第一次感受到了对罗丝真正的激情、欲望和兴趣。罗丝非常享受他的关注,而且也非常感激。自己想要的就在那里,这让她感到很惊讶。他很关心她,心与她相连,并向她敞开,她就是他想要的一切。乔治和罗丝两个人,在恢复自己与心的联结的过程中,只需在一段时间内疏远他们的亲密关系,在注满另外一个爱池再次回归自我时,彼此都获得了更大的满足。

带着爱与人相处

在爱池被注满的过程中,我们会体验到一种不断增加的乐观情绪。在这段时间内,我们会认为是伴侣给自己带来了幸福,可实际上是我们与内在自我的联结带来的。伴侣的爱和支持让我们能够找回自我,当一个人带着爱与我们相处的时候,我们就能更好地与真实的自我联结,而不同的爱会帮助我们与自我在不同方面联结。

在一个爱池被注满后,我们不再持续不断地感到满足。相反,我们会觉得厌烦或者不安,最后变成不满。虽然表面上我们是对伴侣不满意,但实际上是我们其他爱池空缺。

觉醒的人生：心想事成的秘密

　　在一个爱池被注满后，我们就会开始觉得厌烦或者不安。

　　有点可笑的是，爱满池的表现是感觉到正在失去某种事物。这时候，最重要的是，我们要知道应该关注哪里，否则我们就会把责任都推到伴侣的身上。如果你已经结婚却对这段婚姻感到不满意，最好不要尝试让你的婚姻变得更好，而是尝试着退后一步，去将自己另外的爱池注满，这会让你收获更多。

　　爱人之间不再相爱，通常是因为缺失维生素 S。当我们爱自己爱得太少的时候，就会过多地期望从伴侣身上获得爱，从而感受被爱的感觉。但是，在这种情况下，无论你的伴侣说什么，或者做什么，你都会觉得他说得不够好，做得不够多，因为你缺失的是来自自我的爱。所以，伴侣给你的爱即使再浓烈，都无法让你感觉更好，而这只有你自己能够做到。

　　如果不自爱，谁的爱都无法让你感觉更好。

　　如果我们坚信自己已经很优秀了，那么他人就很难让我们感到自己有什么不足。同样，如果我们坚信自己不够好，那么他人也很难让我们感觉好些。如果我们无法给出自己需要的爱，就无法让他人的爱进入我们的心中，我们是唯一能够注满自爱爱池的人。在婚姻关系中，当自我的支持不够的时候，我们就会开始苦恼伴侣不再像以前那样对待自己。我们渴望能够找到以前的感觉，渴望伴侣能够令我们再次开心起来，但那是不可能的。一旦保持这种相处态度，婚姻状况只会越来越糟。

第 3 章 保持与真实自我联结的秘密

我们觉得伴侣没有像过去那样与我们心有灵犀，我们开始拿现在与过去进行比较，开始列举对方没有为我们做的所有事情。"你最近为我做了什么呢？"这句话成为我们内心的主旨。所有这些表现，都是让我们将关注点转移到维生素 S 爱池的清晰信号。我们要逐渐学会倾听内心真正的需要，将注意力放在爱和支持自己上，学会独立，留一些时间给自己，去做自己想做的事情，这会让我们感觉好起来。

请把爱给自己

我是写书的时候发现"爱池"原理的，这让我取得了巨大的进步。我原本非常喜爱自己的作品，可突然之间，所有作品我都不喜欢了。一连几天，我都在挣扎，努力地想把书写得更好。不管我写了什么，总是觉得自己写得不够好。最后，我开始为自己找一些借口："不可能每一章都是最好的"，或者"也不是那么糟糕吗，只是我太苛刻了"……终于，我还是写完了某个章节，并且尽力让自己感到满意。

我请妻子邦妮来读我认为写得很好的一章，想赢得她的欣赏。现在回想起来，显然当时我是希望她也喜欢的，以便我可以自由地继续写下去。我想得到她的认可，并在这种认可中感受"自己做得很好"的感觉。但是，邦妮读完之后，婉转地表示出自己的感受，她认为我写得不够清楚，而且还有点复杂。对啊，我恰好也这么觉得，我却不想听她这么说。我记得我当时很恼火，无法相信她竟如此苛刻，如此消极。

事后我才认识到，她并不是苛刻，也没有做错什么，甚至她说的话都非常客气，我却把她当作坏人。我想当时即使她违心地说她喜欢，我也有可能觉得她不诚实。

我自己不喜欢这一章节，反而去指责她。这就是一个明显的例子，说明了婚姻关系对自爱的依赖程度有多大。如果我真心喜欢我写的文字，而她却不喜欢，她的反馈也不会被我看得如此负面。主要原因在于，我内心或多或少都在期待着用她的爱来弥补我的不自爱。

在认识到这点之前，我感到很愤怒，一整天都在为她的反应感到恼火，甚至因为其他无关的事情与她争吵，但这件事才是真正的原因。在大多数情况下，夫妻争吵5分钟之后，就会牵扯出争吵的真正原因。他们会说"你没有听我说话"，或者"你在指责我"，然后列举过去的问题，以保护自己。那天晚上，尽管表面看来，我们是为了一些财务问题而争吵，但我个人自我支持的缺失才是引发争执的真实原因。

当晚，我与一位好朋友一起出去看了一场动作电影。我已经有一段时间没有看过电影了，而且我很喜欢动作片。看完之后，我的自我感觉良好。回到家后，我很自然地向邦妮道歉，而且再次感受到了爱。第二天，我重新读了一遍自己写的那一章，很容易就完成了一些改动，并且我竟然开始喜欢上那一章了，我的写作障碍也随之消失。

这次经历之后，我回顾了整件事情的经过。首先，我受阻了。我不喜欢自己正在写的那一章内容，而且还无法作出任何成功的修改。我不喜欢我的妻子不喜欢它，就发生了争执。然后我去看了一场电影，感觉好多了。那天，我意识到了自己有着不同的情感需要。我需要妻子的爱，需要自己的爱，还需要与朋友们在一起感受快乐。

争吵的那天，我无法感受、认识并且感激邦妮的爱和支持，因为那不是我当时需要的爱。此外，我无法继续撰写那本书，因

第 3 章 保持与真实自我联结的秘密

为我没有感受到自己的爱。我不喜欢自己写的内容,当我与朋友一起出去看电影之后,我开始感觉越来越好了。

为了对自己的文章和婚姻有更好的感觉,我需要去加注其他爱池,需要花一些时间跟朋友在一起。在去看电影的途中,我也跟另外一位已婚男人分享了我的一些挫折,他完全了解我的感受,这是一种同辈的支持。当这两个爱池被注满时,我感觉自己好多了,可以从不同的角度,带着更多的爱来看待当时的问题。我通过将注意力转移到其他需要上,让自己再次回到有爱心的真实自我上。

从此,我开始对咨询者们使用不同爱池的概念,而且很有效。大多数情况下,当一对夫妻无法相处时,我让他们不要试图从伴侣那里获得更多,而是朝另外一个方向去获取爱和支持。我建议他们先做些其他事情,注满其他爱池。其后,我再将注意力放在改进他们的沟通技巧上。

学会识别不同爱的维生素,你将不会被他人给予自己的爱不够的错觉蒙蔽。我发现这个见解适用于我人生中的所有领域。学会了让不同的爱池保持满池状态,我就能够保持一种强有力的积极态度,这不仅能够让我更加开心,也能让我达到所有的商业目标,甚至超出我的预期。

第 4 章
成长需要的 8 个爱的阶段

> 清楚地知道和体验自己之所需，会创建一种权利感。

爱池有一个自然排序。从胚胎发展到成熟，每一个形成过程都有一段特定的时间周期。为了发展智力和人格，我们在某一阶段对某种爱的需要会多于其他阶段。在每个阶段获得所需的爱，我们就为获取下一种爱打下了坚实的基础。

虽然进入了下一个阶段，但从理想的角度来看，我们仍然需要前面的那些爱池保持满池状态。如果前面的爱池不满，当我们成功注满一个爱池后，需要回头再将其注满，从而让我们与真实的自我保持联结。

否则，在一段时间以后，如果无法获得所需要的爱，我们就会弄不清楚自己应该弥补哪种爱。如果不回头去弥补那份遗漏的爱，我们就会一直不知所措。

比如，当一个小孩得不到爱、理解和关注时，他就无法识别真实自我，那么他也就很难完全理解自己是与众不同的，感受不到自己的可爱之处。因此，当外部环境挑战到他的价值观时，他就会与自己内在的爱、快乐、平静和自信的本能断开联结，很容易在人生的道路上畏缩不前，直到他学会加注过去那些空虚的爱池。

以下是不同的时间段里，我们用以保持与真实自我联结的爱的维生素。

8 个时间段

时间段	爱的维生素	需要的爱
0~7 岁	维生素 P1	父母的爱
7~14 岁	维生素 F	亲人、朋友的爱和支持
14~21 岁	维生素 P2	同辈和志同道合的人
21~28 岁	维生素 S	自爱（自己的爱和支持）
28~35 岁	维生素 R	婚姻和浪漫（伴侣的爱和支持）
35~42 岁	维生素 D	关爱子女（尊重和支持我们的人）
42~49 岁	维生素 C	社会的反馈
50 岁及以上	维生素 W	世界的反馈

在 50 岁之前，每个阶段特定的爱的维生素都对我们的成长非常重要。如果不能努力满足这种需要，我们就会受到伤害。随着各个时间段的更替，我们将会不同程度地迷失自我。每种爱的维生素都会成为下一个阶段发展的基础。夫妻间关系紧张的主要原因通常是双方都缺少对自我的支持与爱。我在婚姻中的亲身体验最终让我理解了不同的"爱池"。

对爱池和不同时间段的理解，其实只是一种常识。任何父母都会注意到，当孩子大约 7 岁的时候，他们会变得更加独立，更加

第 4 章 成长需要的 8 个爱的阶段

喜欢寻找他人的支持和友谊，对父母的依赖变少了。这也是学龄前与一年级环境有着巨大差别的原因。

当然，接下来的大变化是在青春期，然后就是在 21 岁左右，这时的我们已经被看作成年人了。对大多数人来说，这是一个离开家庭去寻找自我和体验自立的时期。

前三个阶段是众所周知的，可之后的那些阶段大家就不是那么清楚了。人们都以为人的发育在 21 岁就结束了，其实这与事实相去甚远。在这以后，大约每隔 7 年，我们就要经历一次成熟期内的重大转变，这会与不同的爱池相对应。

人的成熟度会一直增加，直到 50 岁甚至以上。只要你学会让所有的爱池都保持满池，就可以获得 50 岁前的全部潜能，然后你就可以知道自己究竟是怎样一个人，也知道自己能够做些什么。此后，你就可以向其他人展示这种潜能。人生是一个不断成长和发展的过程，一旦停止了成长，就开始走向死亡。

> 人的成长不是在 21 岁的时候就结束了，而是伴随终生。

作为一名咨询师，我注意到前来向我咨询的人和我的朋友们，在 28 岁左右都会经历一次大变化。他们似乎都会这样说："我再也不为别人而活了。我要去过我自己的生活，我要做我自己。" 28 岁左右是人们终于发育到足以对自己形成一幅清晰图像的时候，而且他们是很认真地想要有亲密关系。如果他们没有抓住这个阶段做自己，就很难做好前进的准备。他们会想着后退，再次去感受自由。

在 20 岁出头时结婚的人，常常会在 28 岁左右经历一次大的挑战。数据表玥,这个时期离婚的人数最多。如果他们放弃了一段亲密关系,会突然感觉自己不够资格娶（嫁）自己的伴侣,反之亦然。

当我们在28岁至35岁进入婚姻阶段时,我们会反问自己是否已经做好准备。如果我们没有在21岁至28岁这个阶段找到自我而走向了迷失,那么我们就不能与内在自我相联结。一旦我们与自我断开了联结,我们也就很难知道自己该做什么了。如果前面阶段的爱池空了,就会使我们的婚姻或职业变得举步维艰。

主动后退,才能更好地前进

有时候,后退是为了更好地前进。人生中有许多这类例子,很多人到了60岁、70岁甚至年龄更大的时候,就会开始清晰地记起自己童年的事情。我们祖父母总是喜欢把他们过去的事情当作故事来讲,这是很健康的。为了健康地生活,他们会自动地后退,回忆、重温人生。

如果他们没有治愈早年的创伤,而且爱池的水位也很低,他们就无法继续前进。他们或许会生病,有的人甚至还会失去近期的记忆,只记得他们的过去。这是因为他们无法让自己完全置身于此时此刻,也就很难让他们前进。

如果有人久病不愈,或许是他们无法获得自己所需的爱。比如,有些老人在一些方面的行为表现得像孩子一样,或者因为一场疾病失去自理能力,变得像小孩一样需要别人照顾。如果汽油不足,汽车就无法行驶。同样,如果爱池空了,当真爱来袭,人们也就没有能量去吸收新的生命力。

处在各个阶段的交接点时,我们会强烈地意识到爱池的空虚感,我们会非常渴望回到过去。很多男人到了一定的年龄就迫不

|第4章| 成长需要的8个爱的阶段

及待地想退休,他们期望做自己一直想做的事情。他们想休息,想寻开心,想去做那些以前为了养家而放弃的事情。然而,他们不再往前走,而是在后退。他们没有向前去迎接新的人生挑战,而是意识到了自身的需要。可是,当这种新生活不可避免地变得枯燥乏味时,他们便会猝然离开人世。

据保险公司的报告显示,男人退休后,死亡率会提高。如果他们继续工作,寿命会更长。男人长寿的秘诀是既要保持工作状态,又要让生活充满乐趣,并且能够得到大量的爱。坚持工作的男人通常是可以做到这一点的,因为他们喜爱自己的工作。他们通过这种方式为自己创建了一种让自己大部分爱池都保持满池的人生。如果你喜爱自己的工作,那么这就标志着你与内在自我保持着非常好的联结。

> 一个男人必须不断地感觉到自己被人需要,而且能为他人负责。否则,他就会失去目标感和生命力。

女人在退休之际的死亡概率要比男人小一些,但她们的意识仍然会倒退。如果她们没有准备好持续地向前走,就会趋于死板和固执己见。并且,她们难以自由地分享自己这一生获得的宝贵智慧,难以找到自己生活的意义所在。不仅如此,她们会不顾别人的想法,像青春期的少年那样说出这样的话:"我想做什么就做什么,我再也不会在乎你们是怎么想的。我已经知道我需要知道的一切事情了。"太过于自立更会让女人变得死板和保守。女人要保持身心健康,就需要感觉到自己不是孤立无援的,而是有其他人可以依靠的。

> 太过于自立会让女人身心失衡，变得不健康。

如果此时你的爱池是满池的，你会开始感受到巨大的喜悦，因为你可以自由自在地去做你想做的任何事情，并且很容易得到自己想要的支持，从而感受自己是这个世界所需要的人。当你用这种方式感受生活的时候，你就不太容易患病。你会一直健健康康，直到多年幸福的生活之后，你做好一切准备，才会逝世。

在每个转变的关键时期，我们都要倾听自己的心灵，努力消除自己的空虚感，这是很重要的。如果在交接点上不做些事情来改善自己的状况，我们就会持续地心生苦恼，从而不知道自己的真正需要。

空巢危机：分享光与爱的50岁及以后

在 49 岁左右，很多人都会体验到一次人生的空虚。当对生活的付出不再顺利的时候，他们会突然感到一种无处安放的空虚。此时的他们，已经没有更多可以付出的了。已婚的人通常会将自己的烦恼归罪于伴侣或者婚姻。无论他们在婚姻中是否获得自己需要的爱，当子女们离开家庭走向独立的时候，他们都会感到失望。巢空了，家不再喧闹了。这就是人生的结局吗？

无论是已婚夫妻还是单身人士，此时有可能是享受自由人生的开始，也有可能是产生各种问题的起点。如果到了这个年纪，我们没有学会在婚姻之外获取自己所需，就会埋怨自己的伴侣对自己不够好。其实，这不是一个指责伴侣或者怨恨自己没有伴侣的时期，而是应该继续去体验爱并自由分享爱的时期，是帮助我们找到自己生活意义所在的时期。

| 第 4 章 | 成长需要的 8 个爱的阶段

这时的我们要么已经做好了准备迎接下个阶段,要么正因为在生命中的迷失而感到沮丧。如果不学会注满自己不同的爱池,我们就会越来越难以向前走。尽管医生们努力寻找延长寿命的方法,但我认为答案是很简单的——保持自己所有爱池满池,就可以让自己保持精神上和身体上的双重年轻。

> 让自己保持年轻的秘密,就是始终保持你此前一个阶段的爱池满池。

此时,我们开始感觉到自己的衰老,所以想要保持年轻。这种倾向实际上是很健康的。如果一直忽视自己前面的爱池,就特别容易体会到衰老,我们可能已经完全与自己在儿童期、青少年期,以及 20 多岁的成年期时感受到的能量断开了联结。

有的男人期待着通过年轻的女人重获青春,而很多女人则指望塑造身形让自己尽量显得年轻。如果我们再次把注意力放到自己身上,可能会错过属于这个年龄段的真正挑战。毕竟此时的我们,至少在理论上已经满足了自己所有的内在需要,并做好了充分准备以回馈社会。那就准备好以快乐的心态去迎接挑战,努力将自己周边的世界变得更加美好,或者至少我们可以去周游世界,分享我们心中的光明与爱。这是一个结识其他区域和文化背景的人、扩大自己社交影响的最佳时期。50 岁认识更多的人,60 岁就可以广见世面,这是人生中多么美好的事情。

中年危机:尊重自己过去的 42 岁至 49 岁

中年危机,一般会发生在 42 岁左右的人身上。在进入下一个爱池之前,人们开始感到过去给自己带来的空虚。如果你准备在

觉醒的人生：心想事成的秘密

飞机飞到半空时往外跳，自然要先将降落伞检查很多次，直至妥当后再跳。当人们觉得自己能够回馈社会的时候，内心一定是满足的。就好像你的银行账户中没有存款，你就无法给当地的慈善机构开支票。

在该向前走的时候，如果你没有得到满足，就不可能继续向前，沉沦于回顾那些自己没有获得的事物。男人可能会突然想要自由，想把自己的生意转让，然后去登山。或者可能想买一辆跑车来开，买一些年轻时想得到却没能得到的事物。他们会重新评价自己人生里的优先事项，想甩掉那些令他们感觉衰老的责任感。其实让他们感到衰老的真正原因，是他们没有持续地加注前面的那些爱池。

> 在该向前走的时候，如果你没有做好准备，就会渴望后退。

如果感觉自己过去在某些方面作出了牺牲，或者没有得到想要的事物，人们就会因此越发感到不满。为了向前发展，我们必须面对的挑战就是要获得自己所需的事物，但又不能造成生活中的混乱，不能伤害到自己所爱的人。实际上，注满自己的爱池又不扰乱生活，有很多种方法。

女人在 42 岁左右，可能会对自己的人生感到不满，也会经常抱怨自己没有得到想要的。当某天醒过来时，她们可能会列出一张长长的清单，上面写满了她们付出的一切，以及没有获得的回报，并为此感到不满和疲惫。如果她们不知道我们所说的爱池，那么她们就会责怪自己的现实生活，而不能后退去疗愈自己的过去。她们将远离爱情，表面上她决定回报社会，可私底下却非常

|第4章| 成长需要的8个爱的阶段

怨恨自己的人生，而且会为怨恨人生而感到内疚，从而把事情弄得更糟。

当然，这些感受在任何时候都有可能存在，但是，对过去的空虚感最容易在这些交接点上产生。如果我们不尊重自己的过去，不通过加注前面的爱池抚平自己的创伤，那么，随着生活的继续，我们将无法与自己的爱和满足联结。离开这种内在联结，我们的人生将永远无法如自己所愿。

秘密危机：表达养育天性的35岁至42岁

在35岁左右，人们还有另外一个危机，但很少有人谈论过。35岁至42岁，是将爱无条件给予被抚养者的阶段。子女以及之后的孙子孙女，是人们理想的被抚养者。在这个阶段，如果我们没有子女，那么宠物也是不错的对象。在这段时期，我们的心灵会倾向于无条件地为有需要的人或依靠于我们的人付出。

为子女或者其他被抚养者付出时，我们会体验到无条件给予的真爱。父母与子女之间的理想关系就是无条件的爱与被爱。子女并不欠父母任何事物，但有些父母无意中向子女传递了这样一个信息：子女亏欠着他们的。他们会这样说："我毕竟是为你做的，你欠着我的。"这种做法是不对的，这是他们没有为这个阶段做好充分准备导致的一种真实感受。

如果家庭中充满父母给予的爱，子女也会回馈给父母一个礼物，那就是可以自由地对他人付出爱的机会。有机会去爱别人是一件令人快乐的事情，这种为子女付出的愉悦，同我们把这种爱奉献给自己是一样的。同时，这也会让父母有机会继续成长。对很多父母来说，他们的问题在于：当他们还不知道如何为子女付出时，他们就已经有了孩子。

觉醒的人生：心想事成的秘密

如果一个人没有做好准备就有了孩子，那他在35岁左右时就会容易心生内疚，从而怨恨自己为人父母的身份。他可能会因为没有给予子女应有的爱而遗憾，也可能会因为子女没有对他的付出给予回馈而感到怨恨。

> 如果我们的爱池没有满池，就不可能无条件地付出我们的爱。

这是一种无声的危机。人们都不想谈论自己因为孩子而感到的怨恨。他们爱自己的孩子，也愿意对孩子付出，但是他们也在失去自己的生活。有孩子的人，需要学会注满自己前面爱池的方式，以避免得不到期望中的事物时产生怨恨。

在这个阶段的人，如果没有生育子女，或者生活中也没有需要自己照顾的、喜爱的，且可以替代孩子的事物，他们会感到自己正在迷失。他们无法继续面对人生的挑战，不愿意为他人放弃自己的部分利益，只能后退去做他们想做的事情，而且就连他们自己也弄不明白，为什么没有事物能令他们满足。

如果在这个阶段你没有自己的孩子，仅仅花时间与侄甥相处还是不够的。肩负起一种责任，是要付出更多的时间和精力的。所有养宠物的人都知道，养宠物是一种真正的责任。很多宠物需要定时喂养、散步，生病时需要照顾，需要主人的付出，但这些付出如同养育孩子一样都是值得的。如果养宠物不适合你的生活方式，那么，照顾一种植物或者打理一处花园，也是一种可以表达你养育天忙的途径。

在这场秘密危机的另一个侧面，是婚姻中性生活频率的问题。在这个阶段，男人通常会对性生活的兴趣减少，而女人却有所增加。如果他们是在20多岁时结婚，这种情况会特别常见，男人想要更多性生活而得不到，最终让他们失去了这方面的兴趣。然而，女人的身体已经为生育孩子有了更好的准备，这让她们的性欲得到了增长。

> 在37岁左右，抱怨性生活不够的往往是女性而不是男性。

我在开设的婚姻研讨班上谈到过，如果男人被一次次拒绝，就会逐渐失去与伴侣过性生活的兴趣。在课间休息以及会后，当我签名售书时，常常会有一些女士走到我身边。为了不让自己的丈夫感到尴尬，她们私下对我说他们夫妻间已经停止了性生活，而且这些女士都感到自己是被拒绝的一方。她们想要性生活，而对方却似乎没有兴趣。当我问起她们的年纪时，答案几乎是一致的，即37岁。

女性进入这个阶段后需要更多付出，她们需要情感上的支持，而她们的伴侣却或多或少地忽视了她们。如果男人的浪漫得不到满足，他们通常会后退到前面的需要，并试图满足自己的这些需要。他们担心被拒绝而不愿意先向对方提出性要求，他们宁愿去看球赛，并通过打高尔夫球一类的方式寻找慰藉。

身份危机：不断探索和体验的28岁至35岁

"我是谁？""我究竟想干什么？"是20多岁时人们遇到的常见问题。如果我们没有花时间找到自我、喜爱自我，那么，我们会在28岁时开始感到应该后退去找寻自我。我们会试图逃避婚姻，或者进入一段新的伴侣关系。

有很多30多岁的单身女性，出于各种原因没有找到伴侣。用爱池这个观点来看，这是因为她们在20多岁时没有找到自我，没有做自己真的想做的事情。还有一些女性，她们可能进入了伴侣关系，并且迷失了自己，或者她们想通过很多事例来证明自己与男人平等，但这种方式很难让她们真实地表达自己的愿望和需求。

28岁至35岁是人的探索和体验时间段。如果女人们不让自己有充分的机会保持真实的自我，探索自己的愿望和需求，那么她们以后就会对自己已经得到的不满意。如果我们不自爱，任何伴侣都会是不合格的。这让一些女性拒绝步入亲密关系，除非那个男人是自己期待中的结婚对象。然而，男性往往会在需要他们作出承诺时望而却步。

如果女忄生对男性太过挑剔，她们就很难欣赏自己可以得到的事物，并且总是想着那些自己无法得到的事物。她们会倾向于先为自己挑选一个丈夫，而不是优先尝试来一次开心愉快的约会。她们不会跟任何异性出去，因为她们认为：如果与男士出去，他就应该具有很大的潜力成为自己的丈夫。她们不愿意浪费时间去和那些不合适的男人打交道。

从某种意义上来说，这种想法是正确的，但它缺少一个重要的条件——你得有找到合适男性的机会。在遇到合适的男士之前，女性固然需要非常小心，不要轻易地投入，但也需要多尝试一些约会。即使这位男士不是结婚的对象，如果对他感兴趣，而且他还是个有趣的人，女性也可以从这种经历中获得快乐。

人到28岁的时候，可能有很多情感波动，特别是他们过去曾经拒绝过直面自己的感情。如果21岁是人的生理成熟期，那么28岁就是人的一个情感成熟期。尽管我们拒绝了过去那些未得到解决的感情，但它们还会回来。

|第4章| 成长需要的8个爱的阶段

通常情况是，不同的情感会一起涌出来，无论我们过去留下了什么，全都会浮出水面，我们开始对从别人那儿了解到的事情产生怀疑。此时，我们需要靠内在的指引来生活。当然，在人生旅途中其他人可以助我们一臂之力，给我们指引方向，但此时的我们，内心必须知道什么是真实的，什么是可行的，对某些人有益的事物有时候并不一定完全适合自己。

如果我们在20岁至30岁甚至更往前的年龄段，曾在人际关系中受过伤害，在真正步入亲密关系之前，就必须先治愈这些创伤。在我们能够安心地将心扉向另一半完全敞开之前，我们要具备不会再次受伤的心态。如果心中留有未治愈的伤痛，我们仍会害怕。这种恐惧会让女性变得过度挑剔，害怕亲昵行为。尽管这不会使男人退出这段亲密关系，却会让他延长作出承诺的时间。一旦女性希望得到他的承诺，他就会开始变得挑剔。

旧伤未愈，我们很难开始一段新的亲密关系。我们会忙于事业，忙于其他的事务，与别人保持一段距离。处理这种情况的秘诀是开始约会，但应该避免太过亲密，直至自己过去的创伤被治愈。在后面的章节里，我们将探讨治愈过去创伤的方法。

教育危机：获取自信的21岁至28岁

当孩子们离开熟悉的家庭步入大学时，就会陷入校园里的很多新危机中。有些学生不知道该怎样对待自由，他们不习惯自律。在过去，他们在这个年纪离家之后，就会去找一份工作养活自己，这意味着他们从一个角色转换到了另外一个角色。如果想要生存，就得按照要求做事。为了谋生，他们没有充足的时间去思考真实的自我以及他们自己真正想做的事情。

过去，我们没有这种奢侈——在18岁至21岁这个阶段仍然可以得到父母的照顾。离家后，一切都要靠自己，我们必须得找一份工作。而现在，很多年轻的成年人离家后并不需要马上就去找一份工作。相反，他们来到大学校园，突然得到了安排自己生活的自由。由于没学会自律，他们可能发狂、可能失控。他们开始滥用自由，沉迷于网络、打游戏和翘课，甚至很多人因此退学。

不管他们是否继续完成自己的学业，如果在这个交接点没有注满前面的爱池，他们就会感到不安，变得狂野、叛逆，以此来寻求安全感。为了获得别人的照顾，他们可能会过早结婚，也可能因为不自信而丧失所有的梦想。年轻的成年人要想为自己的20岁至30岁这段时间段做好准备，就需要在青少年时期获得同辈人的积极支持。与人生目标和行为积极向上的导师和朋友交往，会对他们有巨大的帮助，即使后来他们的兴趣改变了，他们也会体会到自己有能力完成一件事情的自信。

21岁至28岁的人需要参加集体活动，这能让他们获得自信。

如果他们与不良的社会人员交往，就会受到极大的负面影响，他们会开始否定自己的梦想，认为梦想不值得追求。他们会感觉自己在这个世界上没有位置。他们需要知道的是，20岁至30岁的这个阶段，是需要他们自己去找到适合自己位置的时间段，他们不应该放弃希望。很多非常成功的人士都是在28岁之后才找到自己人生中合适的职业。如果他们在此前就找到了，那是很幸运的事，毕竟这只是很少的一部分人才能够做到的事。

在一次大型的女大学生家长会上，与会者被问到有多少人大学毕业后一直从事与专业直接相关的职业。当人们得知，只有

| 第 4 章 | 成长需要的 8 个爱的阶段

10% 左右的人做到这一点时感到非常惊讶。组织者提出这个问题的目的是让家长们放心，他们的孩子选择了什么专业并不重要，教育的关键是让孩子们找到自己的兴趣，了解世界、了解自己。

荷尔蒙危机：需要同辈爱与支持的 14 岁至 21 岁

青春期的男孩和女孩获得了大量的男性和女性荷尔蒙，这些荷尔蒙制造出很多新变化：他们的男女性概念被重新定义了，他们的生活突然之间就得重组。就算他们前面的爱池是满池的，这个转折也会带来大的变化。如果他们在之前没有获得所需的爱和支持，那么就会在这个时候将问题全都暴露出来。

人们对怎样帮助自己的子女度过青春期有过很多讨论。研究表明，女孩在自尊心方面变化很大，而男孩在行为方面会显露出更多的问题。这些在过去是被忽视的，但现在很多专家正在研究解决办法，家长和教育家们也在学习怎么才能帮助孩子更好地度过这个阶段。

我们必须直面这些问题，但也必须认识到我们的孩子正在转入同辈的支持这个爱池，而且他们正在感觉到前面那些阶段的空虚。我们通常都是到了青春期，才会感觉到以前所失去的，也只有到了这个转换点，青少年才会开始觉得自己有必要处理前面那些阶段遗留下来的种种创伤。

孩子长到 14 岁到 21 岁时，会发生一些根本的变化，父母都能清楚地看到这种变化。青少年显然更加独立于父母和家庭成员之外，更加容易感受到同辈的压力。玩乐已经不再是他们的首选，他们开始加倍用功读书，把注意力放在实现自己的目标上面。如果以前没有玩够，他们也许会抵制自己即将到来的新责任，想尽可能地多玩乐一段时间。

觉醒的人生：心想事成的秘密

　　即使我们的孩子已经向前走，感受到了同辈的支持，他们仍然需要家庭和朋友的支持。父母的爱和支持永远都是他们成长的基础，这是他们必须依靠同辈和导师获得成长的一个阶段。明智的父母会主动支持自己的孩子参与积极的群体活动。在这个阶段，一只烂苹果绝对可以毁掉篮子里所有的苹果。孩子加入某个群体之后，会很大程度地受到群体中领导者的影响，对没有积极的行为榜样的青少年来说更是如此。

　　青少年需要到自己封闭的家庭之外去找到真实自我，然后他们会像走出去向其他人学习那样，带着自己的收获重返家庭，回到父母的身边。在我自己的人生中，我的母亲就很明智地鼓励和支持我去找很多导师，参与群体活动。为此，我曾学习空手道课程，也曾到一些机构当报童。

　　人的兴趣可能会有很多，青少年需要时间和机会去学习，并从中找到自己的兴趣和专长。这是一个建立自信的阶段。发现自己的专长，体验到自己对某种技能的兴趣，并不断掌握其要领，对青少年的成长非常重要。各种不同的体育活动、唱歌、戏剧表演，甚至是放学后讲笑话，都不失为一种理想的做法。

　　父母不要疏远自己的孩子，这很重要。随着孩子的独立能力越来越强，我们作为父母的作用也会发生变化。以前我们是很好的经理，现在要转变为顾问。经理是有控制权的，而顾问只有被咨询的时候才能给出孩子需要的意见，然后，由孩子选择自己要做的。

　　通常，这是对母女都很困难的一个阶段。首先，女孩在早期阶段更加趋于去适应母亲。当成长到青少年时，她们在一定程度上就不会再讨好自己的母亲，她们会反叛、抵制母亲的管制。一般来说，如果女儿不将母亲推开，她就很难脱身去找到自我。

|第4章| 成长需要的8个爱的阶段

其次，母亲需要经历一个放开管制责任的困难阶段。对青少年来说，早年很管用的教养方法，在此时会显得太过严格、限制太多。父母需要认识到，自己的影响力变小了，但这是好事。因为，青少年应该开始到家庭之外寻找更大的支持。正如一位青少年所说："我再也不那么需要我母亲了，但当我回到家看到她在家时，我仍然会很高兴。"

如果你学会放弃对孩子的指指点点，他们就会来向你请教。此时，你不要告诉他们去做什么，而应该反问："你是怎么想的？"如果你能做到多倾听、多提问，他们就会继续与你保持沟通，但你要清楚不要给太多的意见，或者告诉他们该去做什么。

在有些活动中，让女孩跟女孩分享，男孩跟男孩友好地玩耍是有好处的。外在的关注点有助于他们互相认识自己，更好地了解彼此，他们会通过与同辈人交往的经历，知道自己将会成为什么样的人。在这个阶段，他们只要跟其他有着相似兴趣、能力和目标的同辈一起分享，就能够成长。

沉默危机：创建安全感的7岁至14岁

对孩子们来说，离开父母，正式进入校园可能会令他们非常悲伤，但这通常不为人知，也难以引起家长的注意。这是一种沉默危机。孩子离开家以后，意味着父母不能再陪伴他们，也就不知道他们身上发生的事情。孩子常常不会向父母表达内心不安的感受，这不仅是因为他们不想说，也是因为他们自己没有明确地识别出自己内心的这种情绪。在这个阶段，为了让孩子知道自己内心的变化，需要有人向他们提一些他们感兴趣的问题，以便帮助他们审视自己的内心，从而能够主动地说出自己的体验、感受、情绪与愿望。

觉醒的人生：心想事成的秘密

如果孩子在出生后的第一个阶段，没有得到父母长辈的恰当呵护，在这个阶段，他们也许会不时地不愿出去玩耍，更愿意返回去当"婴儿"。他们会发婴儿脾气、尿床、吸吮手指，或者做一些其他幼儿期才有的行为。父母不应该因为这些行为指责孩子，而应该认识到孩子只是试图返回去加注他们前面的爱池。父母可以通过创造特别的时间和机会帮助孩子获得他们所需的呵护。

孩子长到 7 岁左右时，会出现一种想主动嬉戏的现象，而且就好像刚从前 7 年的睡梦中醒过来似的，他们需要寻找更多的乐趣和朋友。7 岁至 14 岁，是人生中一个拓展交往技能和学习玩乐的时间段。当然，这种年龄的划分是笼统的，也许有些孩子早一些，有些孩子晚一些。在生命的前 14 年里，如果人们因为缺乏安全感，拒绝去体会这些感受，在未来我们就无法清晰地感受我们是谁，我们喜欢什么。

延迟满足的能力是在这个嬉戏的阶段获得的。通过轮换和分享，我们会分辨出哪些是自己想要的，从而磨练出自己的耐心和等待的能力。同时，我们经常会因为能不再随心所欲而发脾气。爆发过后，如果我们赢得了关爱，而不是被压制，会对我们的心理成长非常有益。发脾气是一种处理强烈情绪感受的方法，这种方法让我们不再抑制自己的愿望。当父母没有因为孩子发脾气而失去理性时，那么孩子最终将学会在遭遇强烈的情感时控制情绪的方法。

即使成年人也会发脾气，在健康的状态下，我们知道怎样不让自己把消极情绪传递给他人。在大多数情况下，当我们因自己的烦恼而指责别人时，我们就需要注满第一个爱池。无论何时，当你伸出指责的手指时，会有另外 3 根手指指向你前面的爱池。如果要避免指责，我们就要用父母对孩子的方法，倾听和理解我

|第 4 章| 成长需要的 8 个爱的阶段

们自身的感受。在本书的后面章节中,我们将探讨怎样才能让前面的爱池保持满池,而又不需要倒退到像两岁大的孩子那样。

让这个早期的爱池保持满池,是获得安全感的基础。如果这时自己被怠慢了,我们就会觉得自己不值得获得他人的支持。即使已经得到了外在的安全感,我们仍然无法真正体会到安全,因为我们不知道自己应该得到什么。在某种程度上,我们会觉得自己的一切都会被拿走,也会认为只有当我们做得好,或者做得对时,才能得到爱。这对孩子来说压力太大了,孩子需要的是无条件的纯真的爱。当我们早期对爱的需要得到满足时,我们就能够触摸和尝试到与真实自我联结的快乐。如果童年时,我们就得到了爱和呵护,那么成年后,我们就能够自发地爱自己。离开了这个基础,我们终生将无法达到自己心里的标准。

就本性而言,我们本身是欢乐、慈爱、平静和自信的。这些是天生的,孩子能够自动地体验这些感受,但他们需要继续获得所需的爱,否则他们就会逐渐与自己的真实本性断开。我们与真实自我的联结程度,取决于早期人生中体验到的爱。正如爱把我们与他人联结在一起一样,爱也能把我们与自己的内在联结在一起。

作为孩子的我们,是没有能力去爱自己的。我们能够有意识地了解自己的唯一途径,就是通过父母的爱这面镜子,以及家人、朋友对待我们的态度进行判断。如果父母尊重我们,那么我们就知道自己是值得尊重的。如果父母很关心我们,我们就明白自己是特别的。如果父母花时间、精力帮助和支持我们,我们就会觉得自己值得获得这种帮助。

在 7 岁至 14 岁这个阶段,孩子最大的需要就是得到安全感。随着他们不断地成长,不断地了解世界,他们学会了怎样适应世界，他们需要获得认可，这种认可指的是他们知道自己可以犯错误，并且能从错误中吸取教训。父母的职责是管理孩子的生活，保护孩子在学习过程中不受负面影响。这是一段属于玩耍和自由表达的时光，如果过分强调完美，有可能会影响孩子的正常发展。

作为成年人的我们通常会有一种过于认真，并偏重于工作的倾向，因为这是在我们幼小的时候耳濡目染的。干家务活、努力工作、要为家庭作出牺牲等，是被我们的家长强调了太多的期待。而在早期的这个年龄段，我们需要一个与关心自己的人一起玩耍的阶段，一个天真无邪、可以无条件地得到原谅的阶段。

此时我们的大脑仍未发展到足以理解一些事物间的细微差别，比如："我是做了一些坏事，但我并不坏。"可是处于这个阶段的孩子通常会得出这样的结论："如果我做的是坏事，那么我就是坏人。""如果坏事发生在我身上，那么我一定是坏人。"其实，大多数成年人也未必能清楚这种细微差别，因为在他们的童年时期，他们的父母没有告诉他们这之间的差别在哪儿。当孩子拒绝按父母的愿望做事的时候，父母最好使用"失控"这个词进行描述，而不是指责他们的行为是"好"或者是"坏"。这样才能不会对孩子的个人认知产生负面影响。

当孩子的行为"很坏"的时候，父母最好不要惩罚他们，而是使用暂停的方法，按每年 1 分钟计时。比如，如果孩子 8 岁，那么暂停 8 分钟就可以了。

如果孩子做得不对，没有按照父母的要求和希望做事，他们就处于失控状态。用暂停几分钟的方法缓冲，可以让他们获得所需的，从而恢复控制力。

暂停是给孩子一个机会去恢复他们的控制力。父母可以把孩子单独放到房间里待上一段时间，这不仅可以防止孩子打扰其他

|第4章| 成长需要的8个爱的阶段

人，还可以让他们感受和释放内在的狂暴情绪。也许在那段时间内，他们会发脾气。但是，孩子需要在暂停时间内发脾气，并由此学会控制自己的情绪，而不是被要求压制自己的情绪。

随着父母开始认识到情绪流畅的重要性，认可情商的价值，孩子很容易就能明白定期暂停的意义，这能够让他们找到控制力。造物主把孩子做得很小，就是为了在他们不听话时，我们能把他们抱起来，并送到暂停空间中去。

如果他们不愿意待在自己的房间或者浴室里，那么最好把房屋的大门关上，而不是把他们锁在屋子里。当孩子对暂停感到不安时，父母最好让他们知道他们并不孤单，门外就有人在那里等着他们释放情绪。定期的暂停，能够让孩子保持与他们自己内心感觉的联结，特别是保持想让他人开心的欲望。

这就是惩罚不可行的原因。关在监狱里的人，大部分都是受过生活和父母惩罚的人。有这样一种说法，关在监狱里的90%是男性，而会寻求咨询师帮助的90%是女性。我个人认为这是因为当男性受到惩罚时，他们会想当然地把那种被虐待的行为和感受实施到他人身上，而女性则会把这些行为和感受实施到自己的身上。这就是女孩在青春期前后自尊心大大下降，而男孩则表现得更加外化的主要原因之一。男孩趋向于用遭受的不当方式去对待世界，而女孩则会用遭受不当的方式对待自己。

惩罚会让我们逐渐削弱自己的情感，使我们失去让父母喜欢的本能。一个孩子总是取悦别人，以后也容易变成老好人，因为他从未成功地让父母或者家人喜欢过。如果父母让孩子能够轻易地讨好自己，那么孩子的自尊心就会增强，这也更加有助于孩子的健康成长。

在这个阶段，父母有时候会感到无力去帮助孩子。不管你多么爱你的孩子，当孩子受到朋友的不友好对待时，你还是无法让他们开心起来。不管你有多么爱他们，你都无法让他们自爱。但你可以用理解和倾听的办法帮助他们。帮助自己的孩子寻找跟其他孩子一起玩耍的机会，结交朋友是父母能够给孩子的最大帮助。

在这个阶段，成长就是解决那些不可避免的社会问题和挑战。尽管任何事情都不可能是完美的，但父母的支持仍然非常重要。不过，太多的支持也并非是好事。如果父母给得太多，孩子就会推开父母，因为他们必须自己去做一些事情。

出生危机：创建权利感的0岁至7岁

从出生到7岁左右，我们处在一种梦一样的发展状态。婴儿期的时候，我们没有能力知道自己是谁，也不知道什么是我们应得的，除了父母对待我们的方式之外，我们与主要的保护者——我们的父母紧紧地联系在一起，在他们的关爱之中成长。

我们对世界与自己的关系的态度始于出生之时。孩子与子宫分离的时候，基本上没有能力获得自己所需的。如果孩子得不到照顾，他们就会死亡。这是一种物理现实，所以孩子会形成两种基本态度中的一种："我有需要，而且我有能力满足自己的这些需要"，或者"我有需要，然而我没有能力满足自己的这些需要"。我们一路走来，不是感觉自己无能，就是感觉自己强大。我们对人生的第一个印象，总是最深刻、最持久的。尽管大脑在出生时并没有发育完毕，但我们可以感觉到和估计到自己的处境，不是感觉到自己能够获得所需的，就是感觉到自己无法获得所需的。

这种无能为力的态度，并不意味着我们长大后会感觉到自己没有能力获得想要的事物。在很多情况下，缺陷会使我们更加强大。当我们感到无法获得所需的事物时，我们就会自动地使用那

第 4 章 成长需要的 8 个爱的阶段

些能够让我们更加强大的方法进行调节。当我们想要得到什么时，如果感觉到无法得到他人的帮助，我们就会想办法自己去拿、去获取。当然，依靠别人获得自己想要的，有时候并不是一个明智的选择。

对于孩子来说，当他们面对自己无法获得的事物时，就会得出"我要立即长大"的结论，这样他们就可以自己去拿想要的事物了，这会让他们在准备好需要靠自己去获取一切之前，感受到责任感和独立的迫切性。尽管这让他们体验了一种更高级的能量——创建外在成功，却也有可能让他们失去创建自己内在成功的愿望。

如果儿童成长太快，就会错过某些重要的成长阶段。人们感觉到没有能力获取所需事物的另外一个常见反应，就是他们不知道自己想要什么。如果没有获得过，就很难知道自己要什么；我们不知道自己想要什么时，也就很难确信自己有得到它们的权利。

> 清楚地知道和体验自己之所需，会创建一种权利感。

如果没有清晰的权利感，我们有可能与自己想要的事物失之交臂。当我们为了讨父母欢心错误地放弃了自己时，我们就会变得不是过分地依赖他人，就是过分地依赖自己。只有强大自己的内心，勇敢地去索取自己想要的事物，我们才会体验到，在成长中，依赖他人和依赖自己需要的一种健康平衡。

假设得不到自己所需的事物，那么我们就会通过努力去获取我们想要的。在这里，我们要重点区分什么是"需要的"，什么是"想要的"。当我们需要的时候，我们就会依靠他人；当我们想要的时候，我们通常就会依靠自己获得。作为孩子，我们需要经历很多年，才能形成获取我们想要的事物的能力。在20岁之前，我们更多的是依靠既有的一切。从21岁开始，我们就会具有更强的能力去获取我们所需的。

如果太早地学会照顾自己，我们就会认为一切都得自己来做，看不到别人协助的价值，甚至会推开一些有价值的支持。我们会对亲近或亲密感不舒服。

第5章
激发人生潜能的8个爱池

> 了解世界，将会激发真实自我的潜能，并让你保持年轻。

如果家中的墙面开裂，你首先会去查看地基；如果树木的叶子开始变黄枯萎，你会给它们浇水，而不会给它们涂油漆让它们更好看。同样的道理，当我们注满8个爱池的时候，大部分问题会自动消失。我们获得所需的事物之后，就会开始与真实的自我联结。

对于我们遇到的大部分困难来说，解决方法在于确保第一个爱池被注满。人生受困之时，认识到我们所体验的很多感觉来自童年，将对我们大有帮助。每周花一点时间注满过去的爱池，就能够向前创建我们想要的人生。

只将爱池注满一次是不够的，最好每周都做一些事情，让你所有的爱池都保持满池。不管在人生的哪个阶段，当你前进的时候，都需要各种爱来保持你与真实自我的联结。获取你想要的和保持与真实自我联结的基础，就是保持你的爱池满池。这如同你花园里的鲜花，只给它们浇一次水是不够的。要让它们健康生长，我们需要不断地给它们施加养分。

爱池 1：维生素 P1（父母的爱和支持）

第一个爱池，是来自父母的爱和支持。当我们缺失维生素 P1 的时候，我们就有可能产生怀疑、不适当和不值得等感觉，会在自己的人生中受到阻碍，体验到情绪的困扰和苦恼。我们会想当然地认为，是这个世界或者工作带给我们的苦恼，其实它来自我们的内心。外部世界，只是我们内在世界的反映。

幸运的是，作为成年人，我们不再需要依靠父母或者抚育者获得自己所需的无条件的爱。并且，有些父母永远也没能力给予子女所需的事物，甚至有些孩子的父母在孩子出生不久就已经去世。作为成年人，我们可以选择一个恰当的地方获取自己需要的这种支持，而且此时的我们，也已经学会给予自己需要的支持。

当我们无法用一种慈爱、平静的方法控制人生的情感体验时，我们就需要加注这个爱池了。如果我们觉得自己不自信或者烦恼，我们就需要在这个爱池上多下功夫，用注满爱池的方法治愈我们的过去。

从非常实际的角度来说，咨询师就像是为自己聘请的"父母"。他们听你倾诉、理解你，并给予你无条件的爱。在这些需求得到满足后，你就有能力给予自己这种支持。当这个爱池被注满时，你会发现，即使父母没有给予你更多的支持，你人生中的其他人也会给予你需要的爱和支持。

治疗我们的过去，如同我们为自己更换了土壤。植物需要好的土壤才能茁壮成长，我们在童年时期形成的许多负面信念会阻止我们顺利前进。如果能够改变一些人生早期形成的信念，你就可以把一切做得更好。无论你在童年时期获得的是哪种支持，你

|第5章| 激发人生潜能的8个爱池

现在都有能力成为你自己的"父母",给予自己需要的爱与支持。

我还记得圣昆丁惩教所研讨班的情景。此前,我从未体验过与极度缺乏维生素 P1 的人合作。有 32 位志愿者协助我开始了这次研讨班的练习工作,有 90 位囚犯参与了这次研讨班。志愿者们前面的爱池相对都是满池的,他们陪伴这些囚犯一起做治疗练习。

单独在囚犯们之间进行互助练习的时候,效果非常微弱,但是在志愿者的帮助下,他们取得了很大的进步。在治疗过程中,我发现他们与其他人特别是受过专业训练或参加研讨班的同学一起做治疗练习时,治疗非常有效果,对他们的帮助也是最大的。在过去的一个星期中,能够坚持下来的囚犯都与 32 位志愿者进行了合作。很明显,当他们与那些在人生早期体验过更多爱的人合作时,练习就会更有效。因为囚犯们的过去都是很缺乏爱的,所以他们之间无法一起互助练习,治愈彼此。

甚至到了今天,我仍然记得很多改变人生的体验,我永远都会感谢这些时刻。在后续章节中,我将会解释一部分治疗练习方法。这些方法既可以单独练习,也可以与同伴一起练习,既可以在家里练习,也可以在诊所或者研讨班里练习。

爱池2:维生素F(亲人、朋友的爱和支持)

第二个爱池,是来自亲人、朋友的爱和支持。当你感觉到自己的生活太过严肃、缺少乐趣的时候,就会缺乏维生素 F。如果你的人际关系令你厌烦,你经常受到批评或者指责,那么把注意力放在加注这个爱池上面,情况自然会变好。这个爱池是通过与亲人、朋友一起开心地玩耍,珍惜亲情、发展友谊注满的。

为了让这个爱池保持满池,我们需要给旧的友谊增加营养,有时候也需要结交新朋友。老朋友能够帮助我们喜爱和接受现在的自己，新的朋友会给我们带来真实自我的新内容，两者都是必要的。

有时候人们总是会想自己为什么没有很多朋友，答案是他们从来都没有学会结交朋友。他们以为自己会自然而然地喜欢上某人，并愿意成为这个人的朋友，或者他们期望其他人会立即喜欢自己。当你没有朋友时，请你为别人做些事情吧。通过这种先给予再接受的方法，你会逐渐开始与其他人互相喜欢，并成为朋友。

如果你很难结交到朋友，那就返回到之前的爱池，并将其注满，这是比较妥当的解决方法，且适用于每一个爱池。无论何时，如果你难以获取所需的事物，通常是因为你看错了方向。测试一下其他爱池，你也许就会发现，在一段时间内的某个爱池会比其他爱池更起作用。为什么呢？因为在那个特定的时间内，你的心灵更需要它。

这也解释了同样的方法对一些人很有效，而对另外一些人可能无效的原因。如果他们觉得对维生素 P1 有很大的需要，那么疗愈就会有帮助。如果他们需要的是维生素 F，那么，当他们与朋友踢上一场足球时，就会恢复精神。从根本上说，找到注满每个爱池的方法是很重要的。

友谊帮助我们接受现状。如果要自己感受到友谊，我们自身就要有安全感，能在表达自己的看法时，不害怕被他人嘲笑。幽默和玩耍，都有助于注满这个爱池。当你情绪低落时，去看一场有趣的电影，获取大剂量的维生素 F，对自己十分有益。就算你不想去也尽量去，因为那时候这种做法的确是你需要的。我们经常抗拒自己需要的事物，而一旦涉身进去，就会感觉自己开始好转。

爱池3：维生素P2（同辈和志同道合的人的爱和支持）

第三个爱池，是来自同辈的爱和支持。如果要加注这个爱池，我们可以加入某个俱乐部，或者某种形式的团队。有一个鼎力支持的运动队，或者某一项自己喜爱的运动，是获得这种支持的方法。在婚姻中，尽管夫妻会有很多共同兴趣，但仍然要保有一些与伴侣不同的兴趣，这点很重要。这些兴趣应该属于你自己，你可以与他人分享，他们不必是你一起出去玩的朋友，也不必是你的伴侣。

如果你喜欢体育运动，那么就去看你最喜欢的团队的比赛，这能帮助你与强大的团体联结。尽管在电视上也能看到，但是在体育馆观看的体验，要比在电视上看强烈得多。感受你与自己喜欢的某个团队的联结，以及你与其他粉丝的联结，会给你带来大剂量的维生素P2。

要注满这个爱池，就到人们成群结队的地方去试试看吧。如果你喜欢电影，千万不要在家看，而要去电影院看，因为有相似兴趣的人也会去那里。电影首映时去看，会让你更加激动。那些真心想欣赏电影的人会出现在你周围，他们的热情和能量会将你包围。

如果你喜欢某位歌唱家，那么就去听音乐会，让你的心灵得到维生素P2的能量滋养。去现场听音乐会，会让你感到足够震撼，带你重温青少年时的感觉。这不仅因为有很多像你一样喜欢这种音乐的人在那儿，还因为这是你年轻时喜欢听的音乐。如果你已经40多岁了，你年轻时喜欢的音乐就会像一枚强有力的锚一样，把你带回少年，去感受自己年轻时的能量。

无论何时，加注某个爱池，你都将会唤醒自己觉知的一部分，并从那个阶段的能量中得到益处。通过唤醒少年的意识，你将会涌出热情、活力和能量，从而在人生中前进。

如果你有任何征服挑战的需要，就去会见其他遇到过类似挑战的人。让人戒掉不良嗜好的"十二步骤康复计划"①，就是获得这种维生素的一个例子。

爱池 4：维生素 S（自爱）

第四个爱池，是自己的爱和支持。要注满这个爱池，你得确保自己是第一位的。你必须对自己的人生负责，必须先知道自己想要什么，然后去努力争取。

当你问自己想要什么时，如果答案是"想让其他人开心"，那么你还是没有抓住要点。你要知道，你的这个"想要的"必须是"你"想要的！你得看看自己缺失什么，还想要获得什么。

当然，你想让别人开心并没有错，只是它不属于我们正谈论的这个爱池的事。你要去思考，除了让他人开心之外，有什么能够让你开心、让你兴奋。怎么帮自己注满这个爱池呢？——到你感到舒服的地方，去得到你想要的，并果断地对自己不想要的说"不"。

> 如果要爱自己，你就要允许自己在生活中尝试。

离开自己日常生活中的那些人，以便你能够自由地尝试新形象和新行为，自由地去做以前你可能永远不会做的事情，去你从

---

① 十二步骤康复计划，是西方国家比较流行的心灵治疗支援团体疗法。旨在帮助人们戒瘾，包括酒瘾、烟瘾、药物瘾、赌瘾等。——编者注

没想过会去的地方，即使出了洋相也没有关系，因为没人认识你，而你也不会再次去那里。

很多时候我们都在压抑自己，因为我们在乎其他人的看法胜于自己的需要。我们想做一些事，但我们不去做，因为我们担心万一做得不对，挫败感就会萦绕心头。

与新的朋友交往，会激发出你的潜能。无论何时，只要你肯与一个新朋友分享自己的感受，自己隐藏的一部分潜能就有机会凸显出来。

如果你想获得外在成功，并切实感受到幸福，你就要与自己想要的事物保持联结，而且你要每天设定一个目标。

你每天都应该花几分钟时间思考一下自己想要的事物，然后把它设定为自己要达到的目标，写在你的菜单上。我们将会在其后的章节中继续探讨这个过程。确保计划好每一天，会让你的生活变得有序。

爱池 5：维生素 R（婚姻和浪漫）

第五个爱池，是伴侣的爱和支持。要想注满这个爱池，你要确保正在跟某个人分享自己的感受。在某种程度上，你依赖那个人，而那个人也依赖你。

大多数情况下，这种需要会通过一种相互爱恋的、彼此能够承诺的性关系得到满足。大多数人都需要经过一段时间的爱情同跑，才能和伴侣亲密地分享自己的感受。女性是很难立即敞开自己心灵的。一般来说，她们需要更多的时间才能感受自己已经被了解，然后才会让爱流入。男性有时会立即开始他们的情爱分享，但他们也需要在陷入爱河之后，持续不断地敞开自己的心扉。

觉醒的人生：心想事成的秘密

> 维生素 R 可以来自任何基于爱的伴侣关系，只要这种关系中存在着爱的给予与获取。

如果你还没有结婚，那么多与人约会，是注满这个爱池很重要的方式。与人约会，并不是意味着要与对方产生亲密的关系，而是要花时间去体验自己的感受，以便更好地找到愿意与你结婚，或者愿意与你成为伴侣的那个人。你要开始约会，不要想着非要寻找理想的人。这很重要，特别是对那些期望结婚的人来说，他们常常因为急于找到理想的人而遇到困难。

如果你一直找不到合适的人，意味着你需要去注满前面的一些爱池。同样，如果你已经结婚了，那么经过一段时间之后，爱也可能会停止流动，直到你花时间去注满其他爱池。

> 如果你没找到合适的人，说明你找错方向了。

你做好当学生的准备，老师才会出现。你提出问题，答案才会到来。如果你做好准备要结婚，并且敞开心扉去约会，理想的人就会出现。反之，如果你内心绝望，那么理想的人是很难出现的。用其他的生活愿望弥补你渴望结婚的愿望，也会吸引到适合自己的伴侣。

或许你的心灵伴侣绝不是完美的人，但对你来说，就是完美的，记住这点很重要。你们之间有着深层次的联结，你可以通过爱对方帮助自己联结到真实的自我。

在很早之前，人们维系婚姻关系是为了更好地生存。我们从小学习的人际关系技能，不是基于创建永久浪漫的，而是创建安全人际关系的。在当今的婚姻关系中,你要获得自己想要的长久浪漫,就必须学会新的人际关系技能。

电影中一些情节,往往会带给我们一种向往已久的浪漫味道,但它并没告诉我们怎样才能获得这种浪漫。我们要学习新的技能,创建爱情以及长久的婚姻,重要的是我们要记住,浪漫不会自动降临,即使我们已经注满了其他爱池。如果我们不积极主动地创建让浪漫茁壮成长的机会,爱情是不会到来的。我撰写的"男人来自火星,女人来自金星"系列书籍,也是把重点放在了学习创建长久激情的新技能上面。

浪漫不仅能够满足心灵想要更亲密关系的欲望,也有助于我们在这个世界中获得更大的成功。

> 卧室里的激情,也会转换为工作动力。

创建外在成功的那些技能,都需要我们与自己的感受和欲望合拍。如果压制自己的性欲,或者对欲望失去了感觉,那就意味着我们放弃了自我生命中的一种巨大能量。与你所有的欲望保持联系,并以行动来满足它们,是你创建和吸引想要的一切所必须做的事。

爱池 6:维生素 D(关爱子女)

第六个爱池,是向尊重和支持我们的人给予无条件的爱。对其他人的需要负责,是心灵的一个基本需要。如果不创造机会无条件地付出,那么,当我们到了 35 岁之后,也就很难继续发展。

要注满这个爱池,我们需要照顾儿女,照顾孙辈。如果没有自己的儿女或孙辈要照顾,我们可以向其他人提供帮助。我们必

觉醒的人生：心想事成的秘密

须感觉到自己是对所关爱的人负责任的。有了这种特殊的爱，我们就可以作出牺牲，可以为他人放弃我们自己想要的。

这种无条件的爱和支持，不是指亲密伴侣之间的理想关系，而是适合于父母与子女、其他后辈，或需要帮助的弱者之间。鼓励女性无条件地向其伴侣付出是一种误导，这会让她们在得不到想要的回馈时心生怨恨，并为曾经的付出感到难过。

如果付出的多于得到的，人们就会感到难过。如果我们不允许自己难过，也就难以意识到自己需要停止付出，应当开始获取自己需要的。

当然，有一种情况看似为无条件的爱，但实际上这种爱仍然是有条件的。只要你感到自己最终能得到回报，就可以在一段时间内单方面付出，而别无他求。这种能得到回馈的感受，不应该发生在多年之后。否则，你每天早上醒来的时候，会感到彻头彻尾的空虚、怨恨和自闭，再难有动力继续奉献你的爱。

理想的做法是，我们先留意用爱来注满前面的 5 个爱池，再将这些爱匀给我们的孩子。如果没有孩子，那么我们就会在婚姻关系中无条件地把爱错误地给出去，有可能以怨恨收场。因为在没有孩子的情况下，我们会把伴侣当孩子，过分地养育和呵护，在不知不觉中破坏一段婚姻，或者一段可能步入婚姻的伴侣关系。

只有在所有爱池全都满池而且溢流时，我们才能够无条件地给予他人需要的关爱。这是人生发展到这个时间段最理想的挑战。在 35 岁至 42 岁这个年龄段，除了自己的孩子、需要帮助的弱者，照顾宠物或打理花园也是一种很好的对成长的滋养。植物跟宠物一样，也是生物，同样需要人的照顾。如果我们有孩子，在他们长大成年之后，我们需要再次找到对象付出我们的爱与支持。毋庸置疑，孙子孙女将是最合适的对象。在这个阶段，我们需要深深地感觉到自己要对某个生命负责任。

通过感受自己这种把爱无条件地给予出去的责任感，我们的灵魂会变得更加强大。

爱池7：维生素C（回馈社会）

第七个爱池，是我们对社会的回馈，我们要把我们生活的区域变成一个更美好的地方。这是一个开始志愿者工作，帮助跟我们无关的人的时间段。参加各种公益项目，能够帮助我们注满这个爱池。

在人生的这个阶段，我们需要帮助他人。我们在人生中接收到的礼物，是应该与社会一起分享的。要注满这个爱池，我们就要开始想办法将已经获得的一部分回馈给社会。

这是一个将时间和金钱捐赠给慈善机构以及那些信得过的、需要帮助的社会机构的阶段。你用你的慷慨升华了自己的爱。这种给予会令人十分愉悦，同时会让我们忘记或忽略自己及所爱的人。因此，你要注意的是，在回馈的过程中不能忽视自己的家庭。如果不能确保照料好自己，并让前面的爱池满池，那么我们的这种给予也会失去应有的光彩。

爱池8：维生素W（回馈世界）

第八个爱池，是对世界的回馈，这也是第七个爱池的延伸。在这个阶段，我们需要扩大爱的范畴，把爱延伸到我们的民族和文化围层之外。这是一个与不同背景、不同文化传统的人分享自己的阶段。

你不仅要用智慧和力量帮助自己及家庭，还要延伸到整个世界。这是一个外出旅游、了解世界和分享你的能量的理想阶段。

如果不扩大自己爱的范畴，你就会停止成长。很多人在这个阶段会感觉自己老了，那是因为他们没有向外扩展。他们不知道自己正在失去什么。他们只要走出去，很快就可以恢复自己原来的能量水平。

在这个阶段，邮轮旅游和团队旅游是非常好的方式，这不仅方便我们的旅行，还能够提供机会让我们注满其他爱池。通过让自己与其他文化的联结、分享，你会发现，尽管世界上每个人的背景不同，但内心深处的渴求是相同的。了解世界将会激发真实自我的潜能，让你保持年轻。这是一个与自己的伴侣、孙辈或者朋友外出旅游，一起探险的极好阶段。

> 了解世界将会激发真实自我的潜能，并让你保持年轻。

这也是一个事业繁荣的阶段。当你的内心充实，并能够回馈世界的时候，自己的成功也会显著增加。没有任何其他附带条件，你为他人所做的事情越多，就会越有力量吸引到你想要的。

有研究表明，人在44岁至56岁这段时间里，能够获得最高水平的能量。一个人在这段时间内，如果能够自由地考虑他人的需要，不仅可以让别人更加相信和依赖他，也能出于本能作出正确的选择。慢慢变老，将意味着我们会收获更多，而不是更少。

第三篇

得到你想要的成功

The secret
to
get
what you want

第6章
创建想要的人生的冥想练习

> 当你将更多能量向外辐射的时候,人们就会聚集到你的周围与你共事。
>
> 为自己设定意图,就意味着你开始创造自己想要的日子了。

冥想有助于我们保持良好的精神状态。有些人认为,冥想能帮助他们获取宇宙"更高级的能量",这些人甚至认为,那种"高级的能量"可能就存在于他们的内在潜能之中,他们相信自己会有更好、更光明的未来。无论你相信什么,冥想都能帮助你体验到更丰富的平静和松弛,并逐渐地让你感觉到欢乐、自信和爱。每天花几分钟冥想,会丰富你的生活。

我向人们传授冥想几十年,冥想的价值已经得到普遍认可和接受。它被视为一种精神修行,与我们的信仰并不冲突。换言之,一个人要欣赏冥想的益处,并不一定要有宗教信仰。当然,如果我们有宗教信仰,冥想还能增强我们对宗教信仰的兴趣。定期体验自己与更高级能量的联结,能够帮助我们理解和尊重信仰中的普世真理。

定期冥想有助于你重新联结到自己与处在更高级能量相联的内在自我。其实那种联结早已经在那里了,但需要你意识到它,继而才能体验它。现在，我们来做一些练习：

先花一点时间让自己想起母亲或者某个爱你的人。在你想着某个人的时候，你将会感到你与他之间的联结。这种联结一直都在那里，你需要做的只是转移你的注意力，然后你就可以找到它。

现在，把注意力转移到你的脖子，然后转移到你的喉咙，体会此时的感受，并注意自己的体温。突然之间，你就无法停止对脖子或喉咙的关注了。很快，你的意识会移开，而你会再次忘记自己的脖子或喉咙。

你脑子里的一部分总是关注着你的脖子，因为它将你的身体与头部联结起来，所以在你集中注意力的时候，你的意识只能感受到脖子或者身体的其他部位。

冥想将你的注意力转移到自己早已与更高级能量联结上。在没有任何外力的情况下，冥想的体验是宁静的、镇定的和松弛的。逐渐地，你的手指开始体验到热辣的能量，感觉到一种能量流。这种能量流可以让你更加自信、充满热情和快乐。这种感觉似乎是毫无理由的。不管你怎样解释这种能量，它都是人们在冥想时的普遍体验。

我个人则倾向于将这种体验解释为"我与上帝联结的感受"。我感受到了上帝的爱、恩赐、能量以及力量，这种力量通过我的手指直接流入我的体内，如同把自己插入上帝的插座，我开始与自然通电了。而那些没有宗教信仰的人中，不同的人会对这种冥想体验作出不同的解释，但感受通常是相同的。

所有人都适合冥想练习

冥想不再是少数人才能体验的事情。每个人都可以这样做，并可以立即从中获益。我是在几十年前开始定期冥想的，它使我

第6章 创建想要的人生的冥想练习

产生了巨大的变化。更让我感到很吃惊的是，现在我的很多学生能立即体验到自己与"上帝"的联结。他们不再需要远离社会，躲在寂静的山里，花多年的时间就能体验这种高级能量。

我在瑞士山上当了9年僧侣，才体验到自己与这种高级能量的内在联结。现在，我传授冥想的时候，看到人们取得的进展竟然比我那时要快千万倍，他们能在几个星期之内就体验到能量流入他们指尖的感受。尤其在我的研讨班学习冥想的人，其中90%在一两天内会有这种体验，这是非常令人激动的事。

这在以前从未发生过，我也从未听说过有人能有如此之快的体验。过去那些伟大的神学家和圣人，要花上很多年的时间才能获得一次这样的精神体验，现在每个人都可以立即体验到自然的平静和松弛。

下班后开始冥想，一天积累下来的压力会被自动释放，这种能量流的感受，会为你快速充电，让你精神抖擞。早上冥想，会帮助你为自己做好充分准备，用积极的态度迎接人生的挑战。感受到自己与更高级能量的联结，让你不再感到孤独，有助于你记住自己，并且体会到自己是可以获得外在支持的。很多痛苦和挣扎往往发生在我们认为所有的事情都要亲自来做的时候。幸运的是，我们并不需要全靠自己做所有的事情。外在的支持就摆在那里，我们要学会向外在的世界请求帮助。我们感觉到能量从自己的手指流过，意味着我们正在与外面的世界或高级能量保持联结，而且我们必需的力量、直觉、意志力和创造力，正源源不断地输入我们的生命。

> 痛苦往往发生在我们忘记自己能够与更高级能量联结的时候。

觉醒的人生：心想事成的秘密

冥想会自动注满你的第一个爱池。当然，其他爱池也是非常重要的，如果某个爱池是空的，那么这个爱池就会变成最重要的。当我们与外界高级能量联结不足的时候，我们就会感到生活的责任和负担，就会觉得一切都有必要自己来做，而且不知道怎样才能把它做完。此时，我们会不自觉地对自己和他人寄予太多的期望，希望以此找到这种联结。当我们感觉不到自己跟其他事物有联结的时候，我们就会更多地寄希望于他人，而这通常会带给我们失望。我们不会认可和享受生活每天带给我们的小奇迹，而会太过于关注我们没有获得的事物。我们没有认识到，我们想要的和所需的事物，大部分已经流入我们的生命之中。当我们与外部世界高级能量联结不足的时候，无论我们获得了什么，似乎永远都不够好。

当你在自己与外界高级能量联结的基础上进行冥想时，你会对自己拥有的一切充满感激。这种把自己积极的意识和强烈的愿望结合在一起的做法，会增强你吸引和创建自己想要的事物的能力。自然而然地，当你将更多的积极能量向外辐射的时候，人们就会聚集到你的周围与你共事，给予你、感激你、信任你。用更形象的语言来说，就是你把阳光带进了他们的人生。

冥想是很简单的

在当今这个时代，学习冥想最令人惊奇的是，它太容易学会，而在过去，这个过程要复杂得多，人们无法很快体验到愉悦的能量流。冥想是枯燥乏味的，大多数修学者会放弃。导师们通常会让修学者等待很长时间才开始传授冥想方法，而且只传授给那些最坚定和最优秀的修学者。导师们认为修学者已经可以接受了，才开始传授冥想方法。现在，人们普遍对感受和欲望的重要性有所了

第6章 创建想要的人生的冥想练习

解,因此也没有必要继续这种让修学者等待的做法。

过去,导师习惯于先让修学者走上一段很长的路——让他们做很多公益方面的事情以考验他们,然后才向他们提供指导。这些传统做法会让修学者打开自己、感受内心,并渴望去学习。导师能够感觉到能量是否流入修学者身体,也知道修学者是否体验到能量流。当导师能够充分感受到修学者的能量流时,便开始传授。而当修学者能够开放心灵接受这种能量的时候,修学者也可以把它传给其他人。

现在,我认识的很多人,经过几分钟对冥想价值的讨论之后,就开始获得这种能力,这表明他们已经做好准备了。这在以前还是很难实现的事情。世界变化得很快,我们对自己的感情更加开放,更加清楚自己想要什么或者不想要什么。我们只有敞开心扉去感受自己的强烈愿望,才能感受到与自己的联结,当我们向外界提出要求,我们就有机会吸入自己想要的能量。是冥想的过程,为这种能量的传导打通了关卡。

互动冥想,得到更多的爱与支持

互动冥想,能够帮助你学会通过指尖吸入能量。对我本人以及成千上万参加过我的研讨会的人来说,练习互动冥想,也是能确保爱池保持满池的手段。毫无疑问,这是一种在人生中迅速创建个人成功的强有力的工具。我使用和传授的这种冥想技能,并不是唯一有效的方法,还有其他一些很好的冥想方法,也可以帮助我们从外部世界获得足够的高级能量。

现在,那些非常熟练的冥想者,已经懂得如何通过指尖吸入能量。在过去,那些悟性还不够好的学生,是无法熟练地掌握这种冥想方法的,他们只能感受到能量流。但现在的人已经做好准备，他们经过几个星期的修炼获得的事物，是我花了很多的时间才体验到的。

从理论上来说，最好直接跟一位专家通过面授的方式修学冥想。但是，我曾在电视上传授这种技能，也收到了大量的正面反馈，即使没有参加过我举办的"个人成功"研讨会小组，没有经过我面对面传授的人，也可以做到。这个好消息鼓励我将一切都写到书里与大家分享。

> 尽管参加研讨会小组或者跟导师修学最有效，
> 但冥想也可以从书本上学习。

互动冥想能让我们得到非常规体验，可以减少我们冥想的时间。只有全力以赴，在更高层次的帮助下，我们的目的才可以实现。要记住：自己不是孤单的，还有外在的支持帮助自己实现梦想。对我个人而言，这一直是非常有用的方法。无论何时，人们在做了一些有创造性的事情之后，都会感到很惊奇："我是怎么做到的呢？"然后他们会怀疑自己是否还能再做一次。当我们清楚地体验到我们可以得到帮助时，"我还能再做一次吗？"这种担心就会消失。

在我写书的过程中，有时候会有人说："肯定有人指导你。"他的意思是说，其他人也写过这个方面的书，但这并不是我所谈的那种支持方式。我从互动冥想所获得的支持，让我能够更清楚地明白自己的想法，更好地将这些想法集合到一起，以便更自信地坐下来完成任务，有更多的能量去经历一个勤奋和持久的时间段，这让我有更大的能力去领会可行的以及改变不可行的事物，从而有更大的创造性找到一种解决办法。这就是我所获得的支持，

|第 6 章| 创建想要的人生的冥想练习

是任何其他人都无法替我做的。不过，如果我没有先坐下来尽力去做，这种支持是不会有效的。

通过冥想，创建自己想要的人生

不少人相信上帝的意愿一定会实现。尽管这会让你感到平静，但也趋于使你否定自己的个人欲望。人生并不是一块任你随意涂画的空白画布，而是不断体验过去行为结果的一个过程。但从个人成功的观点来看，只要你选择了为人生作画，人生就变成了一块画布。如果你只是随波逐流，你过去的动力就会控制你的命运。

当然，我们总是会受到过去的影响，我们今天所体验的一切都是过去的思想和行动的结果。然而，这并不意味着我们要一味地承受这些结果。任何时候我们都可以选择未来的走向，并朝着那个方向作出改变。

> 飞行中的火箭是无法立即掉头的，但它可以逐渐地改变方向。

同样的道理，我们从来都不会受命运的限制。我们可以把每天当作一个新的开始，绘制一幅新的图画。为了创建更加精彩的未来，我们首先得利用我们已经拥有的，并将我们已经拥有的就像绘画一样把各种颜料不断地混合，才有可能创造出色彩斑斓的新画面。

如果你只想听任事情的发生，而不想去创建自己想要的人生，那么，在冥想结束的时候，花一点时间深深地感受你的愿望和欲望，将会让你受益匪浅。不要被动地接受命运的安排，得过且过，你应该花时间感受自己的意愿，从而创建一种充满爱、平静、自信和力量的人生，这也是一种富足、欢乐、健康并充满外在成功的人生。

你有能力创建自己想要的人生，并且不会受到自己过去的限制。你可以创建自己的命运，而不仅仅是演绎命运。除非你能积极主动地创建自己的未来，否则未来就会受制于你的过去。互动冥想，为你设置了一个舞台，让你能够按自己的想法演绎自己的人生，这能让你体会自己写剧本，自己选择演员的快感和幸福。

找到适合的冥想方法

互动冥想，会让你更好地感受自己与更高级能量的内在联结。做互动冥想时，你要找一个舒服的姿势，坐或者躺在一个不受干扰的地方。最好关闭手机，给自己15分钟不去理会所有的责任，专注于内在的自我上。如果有必要，也可以播放柔和的背景音乐。

首先，闭上眼睛，向上抬起双手，稍微高出肩膀一点，或者抬到让自己感到舒服的高度。并在自己的内心反复地默念："美好的未来，我的心扉已经向你敞开，请到我的心里来吧。"每次反复地默念15分钟。

然后，大声地说10遍这句话，每一遍对着你的一个指尖说。当你每一遍面对指尖说出这句话的时候，都要有意识地唤醒和打开自己那个指尖的能量通道。

当你大声地说完10遍之后，再在内心默念15分钟左右。修学时，请在身边放一块手表或计时器，用来核对时间。

开始的时候，走神或者产生其他想法都是正常的，甚至你都有可能忘记这句话。如果是这样，那就睁开眼睛再看一遍。想要完全自如地进行互动冥想，需要这样反复练上一段时间。

开始的时候，你是在使用你的短期记忆来记住和重复这句话。

|第6章| 创建想要的人生的冥想练习

随着不断地重复，你的长期记忆就会开始运转，并在你的脑中形成神经联结器，使你能够印象深刻地记住这句话。经过一段时间的坚持，你的神经通道就会逐渐形成，冥想的过程就会自发地进行。

与此同时，为了接收来自外界的高级能量，接收能量的通道将会在你的指尖打开。你要保持指尖向上，不让各个指尖贴靠在一起。如果不能立即感受到麻刺感，那么就再大声地背诵10遍"上帝，我的心扉已经向你敞开，请到我的心里来吧"。

> 当你对着自己的每个指尖大声重复这句话的时候，意识就会随之转移到对应的指尖上，你的那根手指就要随之轻轻地动一下。

在开始阶段，晃动一下手指是为了让它松弛，有助于你感受能量。但有的时候，让手在2.5毫米的幅度内慢慢地来回摆动，会增加对手指周围能量场的感觉。如此一来，随着你将注意力不断地集中到自己的手指上，能量就开始流动。联结的通道早已在那里，你只需接通它即可，你的指尖能够让你触摸世界，感受这种能量带给你的力量。米开朗基罗在西斯廷教堂的那幅上帝将手指伸向亚当的人物画像，便是对这个场景作出的极佳描述。

即使是在高级冥想状态，走神也是正常的。在初级阶段，你会走神或者去思考那些烦扰你或带来压力的事情。在高级阶段，你的头脑会朝着喜悦的感受和觉知靠近。最后，每当你在寻找问题答案或者内在指引的时候，它就会在你的冥想状态下以一种美妙的感觉涌现出来。

冥想的时候，如果你发现自己的思绪飘忽，只要重新背诵那句话就行了。偶尔想起购物清单、责任、别人说的事情、自己要做的事情等都是正常的，那就再去背诵那句话并将意识集中到自己的指尖上。正如你很容易就能思考其他事情一样，背诵那句话也是很容易的。整个过程很简单，不管你是快速地还是慢慢地背诵都没有关系，只要背诵就足够了。

保持双手高举在空中，这让你更容易感知自己的手指。如果手举累了，可以把它们放到膝盖上，掌心向上，手指微微分开。一定要确保不让手接触到大腿上裸露的皮肤。如果你穿的是短裤，那么就要在大腿上覆盖一块布。当你的手直接接触皮肤时，你就会停止吸入能量，此时你能感受到的只是来自你自己的能量。

互动冥想的益处之一是能够将新能量注入你自己的能量之中。你在冥想中的体验会有多种不同方式的变化。你默念的那句话有时候很清晰，有时候又会很模糊，有时候很大，有时候又很小；有时候平坦，有时候又像是在浪尖上起伏跌宕；有时候很近，有时候又很远。

你对那句话的体验将会继续变化。有时候你会感到沉重，有时候却非常轻松；有时候会感到疲倦，有时候却会感到灵敏；有时候时间过得的确很快，有时候1分钟似乎慢得像10分钟。这些变化全都是自然的，说明冥想过程是有效的。

在开始的时候，每天冥想2次，让你的头脑、心灵和身体习惯进入内心，并向上帝的能量敞开。一旦形成进入内心的习惯，这种规律就不是必需的，但它仍然有帮助作用。规律很重要，神圣的能量开始流入的良好感觉让你期望有机会多做一些。通常需要6个星期的规律练习，才能完全打开你指尖上的通道。

一旦形成转向内心的习惯，你就可以决定冥想的次数了。每天2次，每次15分钟，这对大多数人来说都是一个好的冥想节奏。

| 第6章 | 创建想要的人生的冥想练习

如果你哪天确实很忙,跳过去不做也是可以的,但最好过后补上,因为你的身体已经习惯使用额外的能量了。在冥想的时候,你会清晰地获得额外的能量,这些能量会让你更加有效率。

最佳的冥想时间是早上起床之后、下班后的日落时分,以及上床睡觉之前。即使你感觉总是没有时间,挤出几分钟进行冥想也是一个明智的决定。通过作出这样正确的决策和吸入更多的支持,你就会创造出更多时间。我们没有时间冥想通常是因为我们联结外界高级能量的能力太弱了,以至于所有的事情都要我们亲自去做。请记住,你正在开着车,所以没必要下车去推它。

有时候,我会花很多个小时冥想,从中享受头脑飘忽于冥想语之外带给我的创造性意识流。晚上要去做重要演讲之前,我会将冥想的时间加长一些,以便增强我的能量。你的积极能量越多,就越能把更多人吸引到你那里。冥想的时间越长,感受能量流的流动也会越多,这意味着你会得到更多的能量、爱、欢乐、平静和智慧。

用冥想逃避自己的责任是行不通的。你也许会想,如果进行了冥想,事情就会有人替你做。事实并非如此。汽车会带你到你想去的地方,但是你要上车驾驶才行。或者,汽车已经装满油,随时可以启动,但你必须开动它。

> 你自己可以做的事情,上天是不会替你做的。

随着你不断地使用能量获取自己需要的和想要的,能量也会更多地流入你的生活中。如果冥想之后,你没有在生活中把能量用完,能量就会停止流动。如果你想要更多的能量流动,那么一定要确保用完能量。在过去,有些可充电的电池用的就是这种方法，如果要给这类电池充分充电，首先得把它们的电量完全用完，才能确保它们在下次充电时完全充满。如果你能将冥想时获得的能量全部用掉，你就会得到越来越多的能量，你的能力也会随之增加。

在各种文化和宗教中都论述过这种能量流。例如，在印度，被称为"普拉那"（prana）；在古夏威夷文化里，被称为"魔法神力"（mana）；而在基督教传统里，则被称为"圣灵"。尽管如此，这种体验绝不是一种共同的体验。过去，能够体验到它的人是幸运的。现在，对大多数人来说，它已经成为一种常见的体验。

如果你是一位无神论者，或许不适用"上帝"这个词汇，那么请尝试这样说："哦，美好的未来，我的心扉已经向你敞开，请进入我的生命里吧。"所有的人都喜欢这句话。它会给人带来一种爽快的感觉。你也可以试一下把自己的名字放在这句话前面。

如果你已经与一种特殊的精神进行了联结，那么就把这种能量的名字，或者把你希望的可与你联结的事物的名字放在这句话开头，冥想就可以增强你的这种联结。

大约15分钟之后，你真实的自我意识就会流入体内，因为它是与外在高级能量联结的。此时是请求外在高级能量帮助你设定意图和规划方案的最佳时机。这不需要花很多时间，因为此时的你，已经与外在高级能量联结上了，你已经可以感受到自己想要的，并能将其吸入生命之中。

设定意图，创造自己想要的日子

当你的心扉和头脑已经敞开与能量流联结的时候，就是你可以体验自己创建想要的能力的最佳时机。如果你进入餐馆之后不

|第6章| 创建想要的人生的冥想练习

点菜,那么你就什么也得不到。同样道理,为使这个能量起作用,你就要感受到自己内心的欲望和意图。

冥想结束后,当你开始为自己设定意图时,可以将冥想语改为:"哦,美好的未来,我的心扉已经向你敞开,请进入我的生命里吧。"

在内心默读这句话10遍,每默读一遍,就给自己的一根手指额外加上一点意识,就像在冥想开始时所做的那样,去感受自己已经敞开心门,迎接自己期望的事情,然后深思自己当天"想要的"感觉。如果此时你的双手放在膝盖上面,那么你要把它们高高举起,直至做完最后的一部分。

让双手举起,眼睛闭合,思考自己这一天应该怎样展开,要着眼于最佳情况下的方案。想象你开心、慈爱、平静和自信地度过了一天,并花1分钟左右的时间对每种积极的感受思索一番。你的积极感受越多,当天你给自己加入的能量就越多。在你想象如何展开这一天的同时,请自问以下的问题,然后给予自己肯定的回答,就像事情都已经发生了一样:

你希望今天怎样开始?
你希望发生什么事情?
还有什么?
　想象事情发生的详细过程。
你怎么这么开心?
　我这么开心是因为……
你喜欢什么?
　我喜欢……
你为什么这么自信?

我这么自信是因为……
你要感谢谁？
我要感谢……

在感恩的同时，也要将你的意识主动带回到当下，然后慢数3声，要有意识地感知精神振奋、平静，然后集中注意力睁开眼睛，并表示感谢："感谢你，美好的未来。"

思想的创造力

开始的时候，为自己设定明确的意图，也许有点困难，这可能需要你睁开眼睛看一看，找到一个使你集中精神的问题。但经过一些练习之后，这个过程会变得容易，而且会自动完成。正如通过练习能学会掷球一样，你最终可以学会创建积极的感受，而这些积极感受将会把你想要的吸引到人生之中，帮助你与真实自我保持联结。

真正的挑战在于，你要记住为自己设定的意图。这在互动冥想时的重要性，与重复上述冥想语的重要性是相同的，这就像要煮熟鸡蛋，你得先在锅内放入水，再把鸡蛋放进水里。当水烧开后，再煮几分钟才能将鸡蛋煮熟。冥想就是煮鸡蛋时需要的开水，而你为自己设定的意图则是放进水里的鸡蛋。

我们已经习惯于自动地开始每一天，忘了规划自己该怎样去感受这一天，以及这一天该如何度过。通常来说，人们都是被动地度过一天又一天，对已经发生的事情，不是选择接受就是选择抗拒。通过设定意图，一切会自动地向你走过来，你可以看到自己思想的创造力。为自己设定意图，意味着你开始创造自己想要的日子。

|第 6 章| 创建想要的人生的冥想练习

每天都有小奇迹

让我们举几个例子，看看你为自己设定意图后会发生的事情。晚上我在伊利诺伊作了一场演讲，第二天一大早，我就从伊利诺伊飞回了旧金山。在去往伊利诺伊的路上，我意识到自己在过去的几个星期里，把全部精力都投在了写作上，我和妻子邦妮都没有时间出去约会。我想做些特别的事情，但又不知道可以做什么。在我为自己设定意图时，请求上帝能够给我一些相关信息。

登上飞机后，我发现自己的邻座碰巧是一位助理导演，他在纽约指导的戏剧，邦妮几个月前就想去看了。更令我感到开心的是，我从他那里得知，我们可以在旧金山看到这部戏，他甚至表示可以帮我们买到好座位的票。我想，这就是上帝在回应我的请求。

一旦我们开始审慎地设定自己的意图，这类小奇迹每天都会发生。生活总会带给我们一些小奇迹。在上面那个例子里，我首先想象着自己和妻子会有一个美好的约会。然后，我的请求当天就得到了回应。我得到了信息，并为自己创建了一次美好的约会。

在冥想结束时，通过设定自己的意图，你会看到自己能够吸入需要的事物，并创建出自己想要的事物。随着你基于体验的自信不断得到增强，奇迹会随之变大。

开始的时候，只说这句话就够了："我看到自己在开心地工作。"然后，当你在工作中感到开心的时候，你就要愉快地答谢："很好，真有用。谢谢你。"

在启程去伊利诺伊之前，我先设想了一切都能顺利，我感到了自己的平静、自信、幸福和慈爱。随之而来的便是，我的这次行程一切都很美好。下飞机后，一辆豪华汽车直接把我从机场接到一家高级酒店。

主办方让我放心，并告知一切安排妥当。但在我登记入住时，酒店却找不到我的预订。我耐心地重复我的确认号码，他们仍然找不到。这似乎是一场戏剧化的误会，他们花了20分钟才找到我的预订，而我发现自己在整个过程中竟然是那么平静和谦虚。

我没有不开心，也没有发怒，而是很平静地等待着。陪同我的人感到非常尴尬，我让他放心，并告诉他一切都会没事的。为了让他宽心，我安慰他说："感谢上帝，我不用着急。我们仍然有足够的时间赶到演讲会场。"尽管我们遇到了一些障碍，但行程仍然很顺利。后来，每当回忆起这件事，我都不由自主地想："谢谢你，上帝，感谢你给了我慈悲心和耐心。"

在你审慎地设定完自己的意图之后，每天都有各种事情会实现，你要学着感恩所得到的一切，这会进一步增强你与外在世界共同创建生活的能力，让自己的爱池保持满池。增加进来的支持和个人成功的意识，让你的心扉进一步敞开，从而吸引你想要的一切。

第 7 章
释放压力，与积极能量重建联结

> 你压抑了自己的情绪，也就麻木了自己感觉真实自我欲望的能力。

随着你手指上的通道进一步打开，你开始有意识地吸收能量，并学会有效地释放自己的压力。正如你能够吸入积极能量一样，你也能排除自己的消极能量。如果你在一天中积累了许多压力，你就能通过一些释压方法将这种消极能量从自己体内排除，这就是释放。它跟冥想和设定意图一样简单并且重要。通过释放压力，你不仅会让自己的感觉更好，还可以更自由地创建你的人生。

理解消极能量

消极能量是很难用科学术语解释清楚的，但我们每个人肯定对它深有体会。当人们受阻于个人成功途中的某个障碍（责备、沮丧、焦虑、冷淡、挑剔、犹豫、拖延、怨恨、自怜、困惑以及内疚）时，人们就会产生一定程度的消极能量。这并不意味着我们是坏人，或者是消极的人，只是意味着我们与自己内在的积极能量源断开了联结。只有在缺失积极能量的情况下，人们才会产生消极能量。如果一些缺失积极能量的人被吸引到你的身边，通常是因为你让他们感到舒服，他们能够从你这里吸收到需要的积极能量。

你也许有过这样的经历，来到一个让你心情差的地方，或者与一个让你心情差的人在一起，你的脖子会疼痛，或者你会感到疲倦。尽管你很难精确地找出特别的原因，但你仍然能够感觉到不舒服。

反之，如果你与一些更高能量的人在一起，会感觉到自己越来越舒服，一些小的疼痛也消失了。或者原本感觉良好的自己，在与他们在一起时感觉更好了。这是因为你吸入了他们身上的积极能量，自然会感到更加开心、更加慈爱、更加平静和更加自信。

这些体验不是随意得到的，而是能量交换的结果。一个能量低的人跟一个能量高的人待在一起，能量会增强。然而，能量高的那个人得到的会少些。能量会从能量高的人身上流到能量低的人身上，从而实现平衡，或者均衡。

假设有两个完全相同且水平放置的玻璃缸，把它们的底部用一根管联结起来，并设置一个阀门进行控制。先将阀门关上，给其中一个玻璃缸加满水，让另外一个玻璃缸空着。这时，打开阀门，联结的通道被打开，会怎么样？空的玻璃缸会自动地被注入一半的水，相应地被注满了水的玻璃缸则自动地减少一半水。同样，当你具有更多的能量时，你的能量就会流到能量少一些的人身上。

尽管这很好地解释了能量流，却没有解释人是如何进行能量交换的。或者，这只是解释了数量上的能量流，而不是质量上的能量流。实际上，当人们的积极能量流出时，其能量总量并非只会变少，而是会同时吸收消极能量。

|第7章| 释放压力,与积极能量重建联结

为了理解这种能量的自动交换,我们再来假设有两个容器,用一根管和一个阀门将其联结。首先,将阀门关上,给一个容器加入冷的蓝色液体,给另外一个容器加入热的红色液体。此时,如果打开阀门会如何呢?液体的温度会自动地协调均衡。热的红色液体会与冷的蓝色液体混合,最终两个容器中液体的温度将会是相同的,液体的颜色也由此变成了紫色。

同样,当你自我感觉良好时与某个自我感觉差的人联结,过一会儿,那个人就会感觉好多了,而你会开始感觉不好。你也许不会立即感觉到,但是,在可见的数小时或者数天之内,你会发现自己原来的好情绪没那么好了。理解了这种联结关系,有助于我们更好地理解任何时候都在发生的积极能量和消极能量的交换。

当一个人受阻于消极能量时,他只要跟另外一个有积极能量的人待在一起,就会让自己感到好受些,而那个有积极能量的人将会逐渐变得不那么积极。一个有大量积极能量的人,需要过一段时间,才会注意到有一些消极能量被自己吸收了进来。但是,积极能量水平低的人会立刻注意到消极能量,并受其影响。

做个敏感的人

你越敏感,就越容易注意到不同的能量流,并受到它们的影响。反之,则不会受到那么大影响。当你把自己的阀门关闭时,你会将外界的消极能量隔开,这让你得到了很好的保护,但你也因此无法吸入更积极的能量。

有些人没那么敏感。他们根本没有注意到自己的这种能量流,而且也不会被它影响。他们获得能量的途径通常是食物、运动、空气以及性生活,仅此而已。他们更加稳定、做事妥当,人生的

道路相对平坦。他们愿意做其他人之前已经做过的事情，能够体验到不同程度的成功或者失败，这在很大程度上取决于机会、努力、基因、童年生活、教育、过去的行为，以及天生的禀赋。尽管这些不敏感的人能够体验巨大的或者微小的各种程度的成功，但他们无法触及自己内在的创造潜能。他们可以重复自己所学到的，但无法创造出更多新的事物。他们视自己得到的爱的多少，决定付出多少爱给别人。如果他们受到伤害，会很难宽恕别人，也很难再次付出爱。他们听从命运的安排，而命运有时候很好，有时候却并不那么好。他们想要改变自己的命运，就要找到自己的创造潜能，改变人生的方向，并让自己变得敏感一些。他们通过将自己心扉敞开，练习互动冥想的方式，可以找到自己需要的那种向上的力量。

为什么我们会无法康复

从另一方面来看，很多遭受巨大痛苦的人，仅仅是没有学会如何释放从他人身上吸收的消极能量。他们四处吸收消极能量，却没能将这些能量送到他人身上，他们尽量做到慈爱和善良，但那些消极能量会停留在他们体内，给他们造成疾病和灾难，让他们逐渐虚弱，并且阻断了让他们康复的自然治疗能量的流出。

有一项癌症研究对已康复和未能康复的患者进行了心理状况调查，研究发现一个普遍现象，就是那些已康复的患者会对食物、住宿和服务的抱怨多一些。为什么会这样？

那些没有尽力做到礼貌和慈爱的人，实际上是能够康复的人，这并不是表示礼貌和慈爱会让人生病，而是他们吸入了他人的消极能量却没能以一定方式将其释放。积极的能量让人健康，而积极的态度才会让人生病。当敏感的人学会释放消极能量，能够及

第7章 释放压力，与积极能量重建联结

时释放自己的消极情绪，发泄自己的不满时，他们可以立即从中获得巨大的好处。

消极能量被释放之后，不仅让他们的障碍消失了，而且让他们开始体验到自己创建的潜能。或许他们中的有些人已经做冥想多年，并且通过努力得到了自己所需的爱。如果他们无法学会释放消极能量，就会继续遭受他人的消极能量带给自己的痛苦。

如果我们吸收了一定的消极能量，却无法将其释放，就会持续地感到受阻。无论我们是多么慈爱和善良，我们都会停留在消极情绪中。吸入了消极能量又不知道如何释放的人，会有4种常见的症状，具体是：

爱受阻

吸收消极能量时，也许我们是想变得更加慈爱，而感受到的却是不断的责备和怨恨。因为我们的爱受到了限制或者制约，无论我们多么想要更加慈爱，都无法做到。

这对那些敏感度低的人来说完全不同。也许他们不慈爱，是因为他们已经与自己灵魂的慈爱欲望断开了联结，致使他们无法体会到更加慈爱的愿望，也无法感受内心空虚，爱在他们的人生中原本就是缺失的。

信心受阻

当吸收消极能量时，也许我们是想获得更多的自信，却只会感到焦虑和迷茫。因为我们的自信受阻了，我们能够感受到灵魂想要张扬的欲望受阻了。

这对那些敏感度低的人来说完全不同，因为他们根本不会去冒这个险，他们满足于生活在熟悉的环境中，满足于自己的舒适空间。

快乐受阻

当吸收消极能量时，也许我们是想要获得幸福，却被沮丧和

自怜往下拉，幸福感遭到了稀释和抑制。我们可以感到灵魂对幸福的渴望，幸福却是缺失的。

这对那些敏感度低的人来说完全不同，因为他们并不知道自己正在失去什么。他们有几分幸福感，却与童年时感受到的单纯的幸福感完全不同，他们早已忘了什么是真正的幸福。

平静受阻

当我们吸收消极能量时，也许我们自我感觉良好，只是偶尔会感到内疚和空虚。我们无法感受到与生俱来的善良和纯真，无法给予头脑平静。我们感到自己被过去的错误玷污了，无法原谅自己，我们会对他人过分负责。如果我们在童年时因为犯错受到惩罚，那么我们将会继续惩罚自己。

这对那些敏感度低的人来说完全不同，也许他们根本就不知道自己犯错了。当一个人对他人的感受和需求不敏感的时候，他是无法认识到自己所犯错误的。就算是一个真正的好人，如果没有一定程度的敏感，也将会是一个鲁莽的人。

具有敏感灵魂的人，之所以能吸入他人的消极能量，是因为他们的心扉是敞开的。他们感受到的消极能量，是自己与他人的一种混合物。他们就像海绵一样，无论走到哪里都会吸入外在的各种能量。

你压抑的，别人会表达出来

压抑情绪的能力会让人的敏感度降低。有些人在不开心时，不需要处理自己的情绪，就可以让自己好起来。他们只要不理睬或者拒绝自己的情绪，这些情绪就会消失。这个技能对敏感度低的人非常有用，对敏感度高的人却没用。如果你是敏感的人，你不可能不理睬自己的感受。

第7章　释放压力，与积极能量重建联结

敏感的人通常被认为是造成家庭问题的人，或者是"败家子"。由于他们与自己的灵魂有更多的联结，所以他们更加敏感。他们比其他家庭成员更容易吸收家人的消极能量。父母所压抑的能量，敏感的孩子会感受到并且表达出来。

一位母亲经历过压力非常大的日子，在这些日子里她尽力保持冷静，却又很难做到。她通过压制自己的恐惧、担忧、焦虑、挫折和失望，让自己感觉好受些。此时，她的孩子会变得更需要他人的帮助，更加挑剔，并且会提出更多的要求，也更加难以管教。

通常父母不知道他们的孩子为什么挑一个最差的时间来闹事。但答案很显然，当父母压抑消极情绪时，敏感的孩子会感觉到父母的压抑，从而失去自我控制。父母压抑的消极情绪将会被家里的一个孩子或者几个孩子吸收。

假设有两个容器，它们被一根管和一个阀门联结起来。我们把这两个容器当作父母和子女，如果在父母的那个容器里注入代表消极能量的蓝色液体，在孩子的那个容器里注入代表积极能量的红色液体，打开阀门时两种液体就会慢慢地混合起来。

现在，将一只盖子放到父母的那个容器里，然后往下压。随着下压，蓝色液体会怎样呢？它会很快被压进孩子的那个容器中。这就是父母压抑自己情绪时会发生的情景，孩子感受到父母压抑的情绪，并且将其表达出来。吸收了家庭成员压抑的消极能量的孩子，会成为家庭中的"害群之马"。

当人们压抑自己的消极能量时，不仅会将这些消极能量传送给其他更加敏感的人，而且他们从这个世界吸收的能量也会减少。就好像他们的感官中有一个单向阀一样，将他们的容器联结到其他人的容器上后，他们输出了消极能量，却不会吸入能量。

同样，有些非常慈爱和积极的人容易生病，因为他们吸收了消极能量，却无法把它们输送出去。如果你是很敏感的人，除非你能找到一种发泄消极能量的方法，不然你将会继续遭受不必要的痛苦。

感受消极情绪，让自己更好成长

实际上，还是有一些既能帮助他人，又不会让自己的情绪被感染的方法，这些方法会降低人们对自己情绪体验的敏感度。人们通过学习关闭情绪的方式得到解脱，一旦停止吸收消极能量，人们所有的症状就会消失。

当你学会抑制情绪的方法，很多病痛和障碍就会消失，但你的心扉也会慢慢地闭合。随着你变得不敏感，你会停止吸收消极能量，但也会失去与灵魂的联结。尽管你的头脑会变得非常清晰，但你会失去同情心，失去联结到真实自我的所有益处。当你学会抑制自己的消极情绪时，你将无意识地被吸引，并创建一些戏剧化的场面，从而表达出你正在抑制的情绪。

有一些方法是通过反复回忆令自己痛苦的事情，并且在这个过程中忽略自己的感受来完成的。当你回忆起曾受到某人的伤害时，就要反复向他人说起，直到你觉得自己没事了为止。但是，你要清楚这样做仅仅是为了消除你的消极情绪，而不是为了让你记住那种痛苦的感受。只有这样，你才能用爱和洞察力治愈自己的这种痛苦。尽管你可以学着不去感受那些消极情绪，你仍然会体验到一些印象非常深刻的情节。

有些依靠对情绪进行分析的方法，是通过使情绪不再起作用的方式达到疗愈目的的。尽管通过大声对自己说出沮丧的情绪，能起到一定的缓解作用，由于这个过程以牺牲情绪为代价，会强

|第7章| 释放压力，与积极能量重建联结

化头脑的主动性，我们还是不应该选择使用头脑压抑情绪的方式来释放压力。

幸运的是，有一些方法可以让我们将消极情绪发泄出去，而且不会让我们变得不敏感，这就能让我们不用为了心理舒适而放弃自己的敏感了。我们在后面的章节会探讨处理情绪的技能，使用这些技能并定期发泄自己的情绪，就可以不用压制消极情绪并转换它们。敏感是我们实现梦想的一份珍贵礼物，吸收消极能量之所以成为一个问题，是因为我们没有学会正确发泄它们的方法。通过正确发泄情绪的方式，我们会保持足够的敏感而不会使自己变得麻木。

如果你很敏感，随着练习，消极能量将会从你的体内排出。通过冥想和设定意图，你就可以自由地吸入大量的积极能量，用来实现你的梦想。

变得不敏感的原因，是你断开了与感受自己真正的慈爱、快乐、自信和平静的能力的联结。你压抑一种消极情绪的时候，也压制了自己体验积极情绪的能力，从而麻木了自己感受真实欲望的能力。如果你无法感受到悲伤，就无法知道自己有多么想念某人，有多么想与那个人在一起；如果你无法感受到气愤，就无法知道什么是你不想要的；如果你无法感受到恐惧，就无法知道自己对爱和支持的需要；如果你无法感受到遗憾，就无法获得同情心，人生就会失去其意义和目的。所有的消极情绪都是将我们与真实自我联结的重要部分。

也许你压抑了情绪，却仍然可以得到一些慈爱、快乐、自信和平静，但你很难继续成长，这些积极情绪会失去它们应有的丰富性，让你生活在一个黑白相间的世界，而不是一个丰富多彩的世界，甚至你经常会不知道自己正在失去什么。短期来看，你通过

压抑情绪得到了解脱，但长期来看，你很可能停止了自我成长。

当你不再感到恐惧时，短期内你会感到相当自信，特别是如果你曾经陷入恐惧而停止前进。你感觉自己的人生被推进了，就像一支满弦的箭被释放出去似的。突然之间，你可以自由地去做自己一直想做的事情。但是，就像那支箭会掉落一样，在一段时间之后你就会失去原动力。

失去自己的原动力，是因为你压制了自己感受新欲望的能力。你感受到的是摆脱恐惧后的一种短时间内的激情，它来自受阻的旧欲望。为了感受新的欲望和激情，你必须与自己的情绪联结，而不是压抑它们。

当感受不到气愤的时候，短期内你会对自己拥有的事物感到非常喜爱和感激，特别是如果你曾经受阻于责备和怨恨。你会突然之间自由地重新去爱，但经过这段时间之后，你又会感到自己与其他人不那么亲密，联结变弱了。尽管你没有体验到冲突，但你正在失去对自己人生和各种关系的激情。

同样，抑制能够让你短期内更加满足，但长远来说，它断开了你与自己内在感受的联结，而内在感受才是你联结到内在幸福源泉的方式。你会变得越来越依赖于外在世界，生活也会变得缺乏激情、创造性和成长性。

能量交换得来的，并非都是积极的

人们越敏感，就越会吸收更多的消极能量。有一种还未经科学验证的说法，就是体重超重的人非常敏感。在我看来，这些超重的人之所以无法减轻体重，在于吸收了消极能量，却无法以正确的方式释放出去。除非他们用某种方法使自己不那么敏感，否则他们就会受到消极能量过多的影响，不是生病就是感到消极。

第 7 章 释放压力，与积极能量重建联结

而饮食过量则成为使他们不那么敏感或者麻木的一种方式，以便压制他们对消极能量的感受。

> 所有的上瘾行为都企图压制和避免我们的感受。

当人们受阻于个人成功路上的任何一个障碍时，都会慢慢地断开与真实自我的积极能量的联结，而且会释放出消极能量。敏感的人会自动地接受这种消极能量，他们努力地想要让自己感觉舒服一些，但是他们一旦重新回到这个世界，就会吸入更多的消极能量，不能正确地释放时会再次受阻。

有些人受生活方式、朋友以及思维习惯的影响，排斥消极能量。他们会不分地点、场合地随时释放自己的消极能量。敏感和可渗透程度低的人，置身于这些人的周围会很容易生病。

> 置身于消极的人周围容易让人生病。

那些与真实本性联结的人会自动释放积极能量。他们可以在任何时间释放积极能量，甚至可以在做自己擅长的或者喜欢的事情时释放积极能量。跟这些人待在一起，我们会感觉更加舒服，这就是我们会被吸引到成功人士身边的原因。

在表演、歌唱、舞蹈等娱乐领域里，伟大的表演者登台时光芒四射，下台后却截然相反的例子数不胜数。这并不是意味着这些人出现在台上的样子是不真实的，反之亦然，他们在台下所展现的样子也未必是他们的真实自我，他们很可能吸收了部分观众释放的消极能量。

> 有些积极的表演者会像一块磁铁似的吸引消极能量。

有的观众之所以如此喜爱某些表演者,有一部分原因是他们遇到的障碍暂时被消除了。此时,他们充满了积极的能量,并开始在他们之间更加自由地流动起来。同时,他们长时间的起立、鼓掌,也将他们的这种解脱和快乐表达了出来。尽管表演者应该欣赏和接受这种爱,但他们如同其他敏感的人或者有积极情绪的人那样,也会受消极能量影响。

> 当你拥有大量积极能量的时候,你不会注意到自己正在吸收消极能量。

避免吸收消极能量的办法,不是让你变得不敏感,那只会削弱你补充更多能量的能力。而是要学会正确的释放方式,这能让你自由地与整个世界分享你的能量。你只需要花一些时间冥想,就可以释放你不可避免吸入的消极能量。

事半功倍的发泄办法

学习释放的第一步,是互动冥想。正如你在冥想时,可以通过指尖吸入能量一样,你也能将能量释放出去。一旦你学会冥想,释放就是非常容易做到的事。

学习释放的第二步,是到不会产生伤害他人的地方释放消极能量。消极能量会被大自然自动吸收和转换,这就是为什么当你感到压力时,到森林里或者花园里散散步就会变得轻松,也有一

第 7 章 释放压力，与积极能量重建联结

些人喜欢到沙滩漫步或者躺着晒太阳释放自己的压力。大自然的各种元素会吸收我们的消极能量，并释放出积极能量。当我们把消极能量释放到大自然中后，这些能量会被转换为积极能量。

物理上的光合作用，是对这种现象进行诠释的最好示例，绿色植物利用光能将二氧化碳与水结合起来产生有机物质，并排出氧气。我们这个行星上所有的氧气，都来自绿色植物的能量转换活动。当人类和动物吸入了氧气，排出二氧化碳之后，植物便将这些二氧化碳吸收，而后排出氧气，这种循环转换使地球的二氧化碳和氧气保持自然平衡。同样，大自然在吸收了我们的消极能量之后，排出了积极能量。

在举起手冥想 10 至 15 分钟之后，你睁开眼睛，放下双手，并指向一棵活的植物、一堆明火或者一片水域。继续反复背诵冥想语，只在心中设定一个意图，那就是将你的消极能量发泄出去，同时发泄到你指向的地方。经过一段时间的练习，你既可以睁着眼睛做冥想，也可以闭着眼睛做冥想。

以下是部分基本的发泄冥想语：

"哦，美好的未来，我的心扉已经向你敞开，请进到我的心里来，请拿走这种压力，请拿走这种压力。"

"哦，美好的未来，我的心扉已经向你敞开，请进到我的心里来，请拿走这种消极能量，请拿走这种消极能量。"

"哦，美好的未来，我的心扉已经向你敞开，请进到我的心里来，请拿走这种疾病，请拿走这种疾病。"

发泄是一种令人难以置信的体验。你会感觉到能量从你的指尖流出去。对大部分人来说，这感觉就像是站在淋浴喷头下，水沿着指尖往下流。随着消极能量离开你的体内，进入大自然中，你会感觉

能量穿过双手时的麻痛。

消极能量发泄出去时，你根本不会感觉到自己的消极，那种舒服的感受就像你得到一位伟大表演者的款待。当表演者带给你积极能量时，你只会感到舒服，很难感觉自己正在释放消极能量。同样的情况也发生在你将消极能量释放到大自然中的一个物体时，这个物体会将你的消极能量全部吸收，并让你感觉舒服。

花些时间给自己充电，然后释放自己的消极能量，是继续增加你的个人力量最有效的方式。当你吸入积极能量，排出消极能量时，你的灵魂就会茁壮成长。

有些人首次听说将消极能量发泄到大自然的一个物体中时，可能会认为这是不对的，其实这一点害处也没有。当大自然吸收了你发泄的消极能量时，会循环再生出新的能量，而大自然中的物体则通过吸收你释放的消极能量，茁壮成长。

方法一：找到适合的地方

植物、鲜花、灌木丛和树木，通常是最佳的释放消极能量的对象。对大多数人来说，鲜花是最强有力的可供释放物。现在，我们可以明白为什么每位表演者的化妆间都摆放着鲜花，为什么我们起立鼓掌时会抛鲜花，为什么男人想重归于好的时候要带来鲜花。

也许表演者自己并不明白自己喜欢接受鲜花的原因。女人也一样，当一个男人送给她鲜花时，那些鲜花就会自动地帮助她释放消极情绪。更重要的是，女人更喜欢鲜花，是因为女人比男人更敏感。

> 当男人送给自己伴侣鲜花的时候，那些鲜花就会自动地帮助女人释放消极能量。

第 7 章 释放压力，与积极能量重建联结

我们送鲜花以安慰丧亲的人，这只是其中的一个因素。否则，我们为什么不会送些小玩意儿安慰他们呢？当我们打开手指上的通道，并开始将消极能量导引出去的时候，大自然吸收了我们的消极能量。这也会令我们的释放过程更加有效。

正如我们会向上天伸手祈求祝福那样，我们也需要向大地伸出手，让它带走我们的消极能量。当我们指尖感觉到麻痛时，说明我们释放消极能量的能力正在显著增加。

另一个适合人们释放消极情绪的地方，是装满水的洗碗池、浴缸、热水池、池塘、河流、湖泊或者大海。水会吸收我们的消极能量，水越多，释放的消极能量就会越大。在这里分享一个我个人释放消极能量的方法：为了保持能量流动，获取定期冥想的好处，我每天都要喝 8 至 10 杯水，这对我很有效。如果你的块头很大，那么建议你喝更多的水释放消极能量。

火也是大自然中可以用来释放消极能量的一个强有力的渠道。请回想一下围着营火讲恐怖故事的那些快乐时光。尽管那些故事会带给我们恐惧，却被火吸走了我们心中的消极能量，这也是围坐在火堆边的记忆如此牢固的原因之一。

在泥土上、草地或者沙滩上赤脚行走，也是一种有效的释放消极能量方法。可以在行走的过程中，不停地背诵自己事先备好的冥想语，并将手指指向地面。在森林里行走，也可以这样做，将自己的手指指向树木，就像用一把小射线枪一样把我们的消极能量发射出去，然后接受大自然的祝福，这是很有趣的做法。打理花园以及将手指插入泥土中，也是一种很有用的做法，这让你能够自动地释放自己的消极能量。

在西方国家，人们有摆放圣诞树的传统。在寒冷的冬天，人们会去找一棵树装饰，当他们将自己的爱和感情摆放到这棵树上

时，这棵树就会吸收他们的一部分消极能量。他们会很自然地感到舒服。因为人们没法在大自然中待得长久，常青树或者是带树叶的新鲜树枝就成为人们居家的必需品。外面太冷了，人们不愿出去，他们就将大自然带回屋内，这能有效地缓解或释放人们心中的消极能量。这样看来，各种文化中那些数不清的古老传统和仪式都是讲得通的。

> 各种文化中都有很多发泄消极能量的传统。

一旦你体验到能量自由地在自己的手指流动，你就可以尝试抓住树叶或者鲜花，以便让你的指尖与其相接触，然后就像冥想一样闭上眼睛，开始释放。

同样，你也会感受到能量从你的指尖流出。我建议：你在学习的时候，最好闭上眼睛，双手向下，这样做能够让你更好地体验到能量流。一旦你感觉到了能量流，就可以抓住或者碰触一件自然物体，持续地感受这种能量。最有效、最强劲的释放方法，就是闭着眼睛，抓住一片新鲜树叶或者一朵鲜花释放自己的消极情绪。其他方法也是可行的，但抓住树叶和鲜花的释放方式，会让你最为快速地释放消极能量。

方法二：找到合适的时间

任何时候，只要你感受到自己有消极能量，你都可以进行释放，这能帮助你变得更加舒服。作为一种练习，最好每周都做几次，每次5至10分钟。开始的时候，希望你做的时间长一些。对敏感的人来说，要将消极能量释放出去的最佳方法是：只要自己感到舒服，想释放多少就可以释放多少。无论释放多少，都不会过度，也不会发生任何不好的事情。

|第7章| 释放压力,与积极能量重建联结

如果你在一个有压力的、消极能量多的环境里工作,每天释放一次是个好主意。你可以选择在自己淋浴时做几分钟的释放:把自己置身于有活的植物和水的环境中,是缓解工作和家庭带来的压力的有效方式。

释放可以产生令人难以置信的益处,而学会冥想是这个过程的第一步。通过定期冥想,你可以打开接收积极能量的通道,随着积极能量的流入,你可以最有效地排出自己的消极能量。

释放消极能量有助于你移除障碍,但在一些情况下,障碍会自动消失。女人生来更容易受到消极能量的伤害,通过释放消极能量的方式,她们可以体验到一种不可思议的提升和舒缓的感觉。

尽管释放能够让你不吸收消极能量,但你仍然需要不断地审视自己的内心,移除自己的障碍。通过学习释放消极能量,你可以自由地创建未来,不被其他人阻挡。至少,这能让你在自己受阻时,知道这是你的障碍,而不是整个世界的障碍。

放弃对消极能量的一切恐惧

对能量的这些非凡见解很容易被误解。一个人会因为置身于消极的人周围而感到焦虑,或者会因为某些问题而卷入对其他人的责备之中。如果你的积极能量多于消极能量,那么吸入消极能量将会是人生中不可避免的一部分。你无法躲避它,与其设法躲避消极能量,还不如承担起释放它的责任。

能量的这种自然转换,在性质上与气候模式非常相似,低压系统总是吸引高压系统。在凉爽的房间里,热气总是向上升。在寒冷的冬天,打开窗户屋内的暖气会将屋外的冷气吸引进来,形成穿堂风。当你把手放在窗口时,可以明显地感觉到风的流动。

大自然总是在寻找一种平衡。同样,如果你有大量的积极能

量，你就会吸引更多的消极能量。个人成功的秘密就是不断地给自己充电，然后释放所吸收的消极能量。

你累了和病了的时候，要尽量避免吸收消极能量。当你每天都通过冥想补充能量，并与这个世界分享你的爱和光时，你就能获得最大的满足和力量。随着你吸入积极能量的能力不断提高，你释放消极能量的能力也会增强，这将使你变得更加强大。

第8章
不压制你的消极情绪

> 通过与自己情绪的联结,你可以充分地享受丰富人生的简单快乐。

加注爱池的基本方法有两种:把从外面世界吸收的高级能量以爱的方式献给家庭、朋友、同辈、自己、社会,然后是整个世界,并从他们那里接受爱;通过练习冥想、设定意图,以及释放你的消极能量和压力,你就能不断地加固自己练习的基础。要想实现梦想,你就得保持自己的爱池满池,这能够让你与真实自我保持联结。

人们在接受爱的时候遇到的第一个障碍,就是无法感受和释放自己的消极情绪。在多年帮助他人短期内克服消极情绪的过程中,我发现了12种基本的消极情绪。很多人打着释放消极情绪的旗号,却在不知不觉中错误地压制了这些消极情绪。这只会让我们对自己的情绪感到内疚或者挑剔,而不会让它们呈现出来并被释放出去。

释放消极情绪与感受消极情绪有很大的差别。为了释放它们,我们先要感受它们,这是我们回到真实自我必经的途径。当我们不能有规律地感受消极情绪并释放它们时，我们的爱池就无法被注满。

当今的人们，能够在冥想中获得快速进步的原因之一，就是他们能够更加充分地体会自己的感受。通过感受和释放消极情绪，我们就能够充分释放消极能量。世上那些非凡的进步、创造，以及力量的产生，往往是因为我们更多地意识到了自己的所感和所需。情绪总是以某种方式与欲望联结，无论是积极的情绪，还是消极的情绪，其实都是把我们与外在世界联结起来的能量，是能够装满我们爱池的燃料。

当情绪受阻或者无法被感受的时候，我们不是无法获得所需的能量和爱，就是得不到足够的力量以吸引和明确我们想要的事物。仅仅感受到消极情绪还不够，还必须小心而有技巧地处理它们，然后释放它们。在释放消极情绪时，我们会通过发现自己的需要，让自己变得更加有力量，从而更有动力地获取我们需要的事物。

有些人因为压抑、麻木或者抑制消极情绪，阻碍了自己潜能的发挥，也有些人感受到了消极情绪，却不能释放它们。他们深陷消极情绪之中，并在生活中不断表现出他们的消极态度。这就是人们如此害怕消极情绪的原因之一。当你陷入其中时，你从生活中吸引来的事物，就会增加你的这种感受。

第二个障碍，则是人们会有选择地感受自己的消极情绪。有些人可以感受到气愤，却不会受到伤心或恐惧之类情绪的伤害。有些人很快就可以感受到害羞和遗憾，但拒绝自己的气愤情绪。这类组合可以有很多种，无论什么样的情景，结果都是相同的。你对消极情绪担心的程度有多大，你将消极情绪吸引到自己生活中的概率就会有多大。你否认消极情绪的程度有多大，你断开联

第 8 章 不压制你的消极情绪

结与阻碍自己创建想要的事物的力量也就有多大。

别总期待完美平衡

处理你的情绪，是指确定你的消极情绪，通过与你的内心愿望和积极情绪联结并释放它们，这是帮助你恢复真实自我的途径。

你可以这样看待消极情绪：把自己的人生当作一个学习骑自行车的过程，为了保持平衡，你得不停地左右调整体位。为了到达想去的地方，你需要不断地调整车把的方向。同理，只有你与自我的真实联结，才能更好地引导自己，而感受和释放消极情绪，就是让自己保持不掉落下来的摆动。有规律地冥想和请求外在世界的帮助给了你力量，让你继续前行，而在这个过程中，冥想就是你上下踩踏的脚蹬，你要一圈又一圈不断地踩踏。

除非你能处理自己的消极情绪，否则你仍会不时地跌落下来。平衡是靠有规律地偏离中心，再返回来获得的，左右摇晃是保持平衡的需要。开始的时候，这种摇晃是非常明显的，而且你经常会跌落下来，只好重新开始。等掌握了它的窍门后，你就能优雅地做一些小调节保持自我的平衡了。

人失去平衡，实际上是你正在偏离与自我联结。麻木的情绪总是与你真实的自我联结，却也是你正在断开另一个联结的征兆。这是你为自己发出的一种警告信号，表明你需要调整情绪以保持平衡了，这是偏离中心的体验。

在自行车上保持平衡的唯一办法，就是要注意自己何时该向两侧摆动。当你摆到左侧的时候，你就得在恰当的时间再次摆回到右侧，以找到平衡，然后再以这样的方式摆回到左侧，再摆回到右侧……在来回摆动的过程中，你会再次找到自己的平衡。人生的过程也是这样，灵魂与世界的互动，也有一个平衡的过程。

当你从中央摆到左侧的时候，就会出现一种消极情绪。在你停止朝左侧摆动返回到中央后，又会朝右侧摆动。此时，另外一种消极情绪就会冒出来。当你感受到这种消极情绪时，你就会意识到自己太过偏右了，那就要调整方向，让自己回到中心点上。

试想，如果你只能向右侧摆动，那你根本无法在骑自行车的过程中找到平衡并向前行进。当压制某些情绪，只允许自己有特定情绪的时候，你就找不到平衡，正是那些来回的摆动，才让你轻松地找到了平衡。

回到中心点之后，你可以在那里停一段时间。然后，整个过程又会从头开始。学习骑自行车时，你不能期望总能处于平衡状态。能够保持身体直立，体验一次优雅的骑车就已经足够了。在谈到消极情绪时，我们会错误地以为，为了保持平衡，待在中央或者真实自我中，就绝不应该感受到疼痛或者消极情绪。我们之所以拒绝来回摆动，是因为我们不知道自己该如何处理那些消极情绪，再次让自己平衡。

熟练地掌握骑车技能后，保持平衡可以自动完成了。同样的道理，在你学会处理消极情绪后，它将会成为你人生中不用费劲就能打理好的一个部分。为了体验人生的丰富和充实，你要保持与自己的情绪联结，而且要与你所有的情绪联结。通过与自己的情绪联结，你可以充分地享受丰富人生的简单快乐。你会享受吹拂到脸上的风、太阳的温暖、春天的清新、秋天的凉爽、节日里给孩子打扮的乐趣、朋友间分享的爱、浪漫的开心和激动、学到新知识的兴奋、取得成就的激动和骄傲。

处理情绪的 4 种方法

对有些人来说，确定自己的消极情绪很难，而对另外一些人

第8章 不压制你的消极情绪

来说，释放自己的消极情绪才是困难的。当你学会处理情绪的4种方法后，这些挑战就会变得容易多了。这4种方法，没有哪种方法好于另一种方法。在使用这些方法的时候，你只需一种一种尝试，直到找出适用自己的那一种为止。这4种处理情绪的方法是：

1. 改变情绪。
2. 改变内容。
3. 改变时间。
4. 改变主体，从感受自己的痛苦转移到感受他人的痛苦。

处理情绪的第一种方法，是要感受你所能感到的消极情绪，然后改变它。如果你对某事感到气愤，就花几分钟把感受写出来，然后将你的感受改变为另外一种消极情绪。这与骑自行车相似，就是通过朝相反方向移动找到平衡。在消极情绪之间来回移动能够消除障碍，帮助你找到平衡。

尽管很多人设法减少自己的消极情绪，但最好的方法是短暂地扩大和增加你体验到的消极情绪。在大多数时间内，人们受阻于一种特定的情绪，都是因为它阻碍了另外一种情绪。任何一种情绪都不可能总是罪魁祸首，任何没有被感受到的消极情绪都会阻止你的能量流动，并让你无法释放。

处理情绪的第二种方法，是改变内容。如果你体验到了一种情绪，但它似乎又不完全与你感到的烦心事有关联，那么改变它的内容即可。如果你生你老板的气，而且无法释放这种情绪，那么你就列出一份清单，将你有可能感到生气的事情列一份清单。去感受你的气愤，并且自问还有什么事情让你感到气愤。无论何时，你对无法改变某件事而感到烦躁，通常是在提示你还有其他事情令你更加烦躁。

处理情绪的第三种方法，是改变时间。如果你因为某事感到烦躁，使用第一或者第二种方法似乎都无法释放你的情绪，那么就请回忆自己曾经有过类似情绪的那段时间。有时候，我们此刻体验到的情绪，是因过去的创伤增强而产生的。

例如，如果你童年曾经感到过被抛弃，那么这种情绪现在仍会影响你。因为只要有人对你有一点点拒绝，你过去的那段经历就会令你感到非常痛苦。如果是这种情况，最好的处理方法是，将你现在的感受联结到那时的事件上。你一边强调那是过去的事情，一边给自己感受、确定和表达情绪的能量，从而处理你的情绪。

处理自己的过去，总是相对容易一些。我们对现在感到担忧的原因，通常是不知道自己会得到什么结果。当我们回顾过去时，我们总是可以安慰自己，事情已经得到解决，或者将会得到解决。即使我们过去未能得到所需的支持，但我们也可以想象成自己已经得到需要的支持，这可以治愈我们过去的创伤。

处理情绪的第四种方法，是将痛苦主体转移到其他人和事那里。有时候，我们没办法充分感受痛苦的来源，并且释放它。我们会觉得自己除了痛苦之外什么也没有。为了找到希望，我们就得去找另外一个人，去体验这个人的痛苦。这可能是所有方法中最容易的一种，是人类已知的最古老的疗愈形式，这可以在文学作品、电影和电视上看到。

与朋友分享自己的故事，或者与志趣相投的支持者分享自己的痛苦，是减少自我痛苦的重要方法，但这不能帮我们避免产生痛苦。当我们听到他人诉说痛苦时，我们会与他们一起哭泣，一起感受，对方的情绪由此被释放。对于那些在痛苦时无法找到方法处理痛苦的人来说，第四种方法通常能最直接地帮助他们审视自己的内心，感受并且消除他们的痛苦。在我的工作室里，当我

第 8 章　不压制你的消极情绪

帮助前一个人感受和释放消极情绪时,往往整个房间里的其他人都会跟着这个人自动完成疗愈过程。这是因为在我为这个人疗愈的部分过程里,促使其他人想起且释放了自己那些早已忘记的情绪,他们通过关心其他正在处理内在创伤的人的方式,自己也得到了疗愈。

方法一：改变情绪

很多人在感到烦躁的时候,总是企图将自己的消极情绪转变为积极情绪,这其实是人们受阻的主要原因之一。他们太想快点释放自己的消极情绪了。

当你受阻于一种消极情绪,且对找到平衡也没有多少练习时,你是很难感受到另外一种情绪的。如果你对下面这12种消极情绪都有深刻的理解,无论你何时受阻,都会知道自己该往哪儿走。理解这12种情绪对自己的影响,就像借助辅助轮学习骑自行车一样,让人更容易地体验到平衡。

为找到平衡,我们通常感受到的12种消极情绪状态如下：

1. "我很生气。"
2. "我很伤心。"
3. "我很害怕。"
4. "我很遗憾。"
5. "我很气馁。"
6. "我很失望。"
7. "我很担心。"
8. "我很尴尬。"
9. "我很忌妒。"
10. "我很受伤。"
11. "我很恐惧。"

12."我很羞愧。"

当你受阻于生气时，请花些时间想一想，自己会对什么事物感到气愤，然后自问会对什么感到伤心。生气通常是对所发生事情的一种反应，伤心则是对未发生的事情的一种反应。当你开始这么思考时，你可以体验到对自己生气情绪的释放。随着你将现有情绪转移到另一种情绪，你将会走得更加深入。消极情绪会将你带回到平衡状态。在回到情绪中心的时候，你也就会感到更加舒服。

如果你受阻于伤心，那么就转移到害怕上来。任何时候，当我们把注意力放在未曾发生的事情上时，都是因为我们害怕某事会发生，而害怕则是我们对不想发生的事情的一种反应。按照上述清单的内容往下看，如果在每一种情况下我们都能看深一点，就能够体验到一种明显的转移和释放。转移到第12种情绪羞愧时，再重新从清单的第1种情绪——生气逐条往下移。如果你受阻于羞愧，那么在你感到羞愧时，就请把自己的注意力转移到当时对某方面的生气上。

有时候，在你没有完全释放之前，你得向下多转移两三个层次。我把向下转移3次当作一种基本做法，除非我在此前就感到了释放。如果我生气了，会在写下生气的感受之后，先把自己的注意力转移到伤心上，再转移到害怕上，然后转移到遗憾上。在每次转移之间，写下自己想要的、喜欢的、希望的或者需要的，这对我们更好地释放消极情绪特别有用。在处理过程结束时，要把自己释放消极情绪之后自然涌出的那些积极情绪写出来，这也是很重要的一个过程。写出爱、理解、信任、感激或感恩的做法，被称为写感受信，而且在我所有的书里都谈到了这一点。如果你在处理情绪时需要更多的信息和支持，请参阅我的书《重拾真爱》

|第8章| 不压制你的消极情绪

（Mars and Venus Starting Over）或者《能感受，就能治愈》（What You Fell You Can Heal）。

有时候很难找到应该从清单的哪一项内容开始。在这种情况下，就不要那么精确，你可以用另外一种方式来看这个清单，比如：

第1层："我很生气、很气馁或很忌妒。"

第2层："我很伤心、很失望或很受伤。"

第3层："我很害怕、很担心或很恐惧。"

第4层："我很遗憾、很尴尬或很羞愧。"

无论看哪一类，你都要看清楚，哪种情绪适合自己，如果很多种情绪都适合你，那就表示从哪里开始都是可以的。如果无法明确地选出一种，那就从第3层开始，把自己的开头语设定为"我很害怕，我会选错层次"。选定层次后，要针对这个层次的内容写几分钟自己的感受，然后移到下一个层次。如果你从第4层开始，在查找了遗憾、尴尬或羞愧等情绪后，就移到第1层。如此往复地通过转换消极情绪层次，你最终能找到该释放的对象，并将感到自己更加积极、更加有爱心。记住要写出那些积极情绪以及你想要的事物，特别是你想成为什么样的人，你想让"事情"变得怎样，以及你想做什么和拥有什么。

有时候，为了完成写下自己的感受这个过程，你需要再写一封回应信。在写出你的感受之后，想象一下别人听了你的感受会说些什么或者做些什么，才能让你感到舒服一些。如果你对某人感到很烦，想象一下给你写了一封信的那个人，会告诉你他收到你的信并表示了道歉，还说了一大通关于你的好话，而且给了你想要的事物。

花一些时间来写这封信，你就有机会体验自己如何感受才能回到平衡点。就算这个人永远不会对你说这种积极的话，但你通过想象获得支持的那种感受，也可以帮你很好地释放消极情绪，从而帮你恢复慈爱的真实自我。在尝试之前，你无法想象这样做会有多好的效果。在后面的章节里，我们会通过探讨各种情绪练习，体验这种惊人的直接转换。

方法二：改变内容

大多数时候，我们受阻时，不仅仅与消极情绪断开了联结，还关注错了方向。实际上我们对某人感觉到厌烦，也许是我们对自己的厌烦，或者对工作上的事情感到担忧。大多数情况下，我们似乎无法释放一种情绪，那是因为我们需要将情绪指向其他可能困扰我们的事情。

如果我对一位生意伙伴产生了愤怒，我就会问自己，我对哪个人或者哪件事感到不安。也许我会突然之间感到，自己之所以心生不安，是因为我在另外一个完全不同的项目上落后于计划了。

一旦改变了心烦的内容，我就把自己带回到正确的轨道，不过愤怒的情绪仍然没有释放。然后，我会使用方法一，通过问自己为什么伤心或者失望的方式改变这种情绪。当我开始感受到伤心或者失望时，我的怒气就会自动减少，变得更加理解他人。有了更多的理解，我的思想就会变得更加开放和宽容，这使我回到了平衡点，大部分消极情绪也就随之消失。我更加相信自己可以找到情绪的解决方法，我的态度由此转变，我开始自觉地再次欣赏那些可行的方法，放弃了对那些不可行方法的关注。

练习了这种释放技能后，你会发现大多你认为心烦的事情只不过是冰山一角。通过审视自己的内心，找到其他可能令自己烦恼的事情，你就会发现自己可以放弃抗拒那些让你无法改变的事物。只要在态度上做一点转变，或者在行为上做一点改变，原来

第8章 不压制你的消极情绪

让你感到心烦的内容，也就会随之发生变化。

方法三：改变时间

当前面的方法似乎都行不通时，我们就得改变时间，不是向前拨，就是向后拨。向前拨就是将我们现在感受的事物联结到过去的事件上，这可以让我们得到非常有效的释放。

如果能够与自己的过去联结，我们就更容易感受和释放情绪。我们生气的时候，是很难退让和放手的，因为我们觉得除了生气别无他法。当我们伤心或感到失落的时候，我们很难认为自己会有不错的未来。当我们感到害怕的时候，我们不知道自己的未来会怎样。但是，当我们回头体验我们过去感受过的恐惧时，我们会得到一个额外的好处——知道事情并不像想象中的那么差，还确信事情真的能变好。这种事后才认识到的有利因素，让释放消极情绪变得容易多了。

想想看，以前让你感到很烦恼的某件事，事后你会渐渐意识到那并不是什么大不了的事。再想想看，有的时候你一直担心会发生的最坏结果事实上并没发生，即使最坏的结果已经发生，最终也变得好起来。这是通过回头看的方式，把今天的感受与过去的感受联结后产生的一个好处。

跟过去联结之后，我们要记得及时将自己拉回现实，并用今天所拥有的能力处理由此产生的情绪。如果能写出几个层次的情绪，我们就可以写出一封回应信，给自己那些想要的爱以回应。如果曾经接受过这种爱的回应，我们就会精神更加集中，更加了解真实自我，不再感到无能为力。通过写回应信重温和丰富自己的体验，会帮助我们释放自己的消极情绪。

我们过去那些未得到解决的情绪冒出来时，它们是不会作出这样的自我介绍的："你好，我们是你被抛弃时产生的恐惧，那时

觉醒的人生：心想事成的秘密

你正被送给亲戚抚养。"所以，当过去的情绪冒出来的时候，我们常常弄不清楚这些情绪要传递给我们的信息。我们可能感到害怕，却不知道在害怕什么；我们可能感到伤心，但事情并不是那么糟糕；我们可能感到惊恐，实际上并没有遇到危险；或者我们可能感到忌妒，却已经拥有了很多。大多数时候，我们似乎拥有太多的情绪，因为它们太消极而无法跟他人分享，于是我们开始压制情绪。如果我们能将这些情绪联结到过去，把正在发生的事想成过去某个阶段发生的事，或我们人生发展的一个特殊阶段发生的事，这些情绪也就成了合适的反应，我们就可能得到适当的回应。

从思维的角度来看，我们应该把感受到的一切都弄清楚。当我们在生意上感到失望的时候，为了做一个开心、满足和成功的人，我们要长时间地压抑伤心的感受，这种做法很不恰当。在刚开始的时候，谁也不会知道最终是否能获得成功，当体验到某个挫折时就会感到更加烦躁。通过将现在的情绪与过去的挫折联结，头脑就会主动允许我们的内心更深刻地感受这些情绪。如果还有很多情绪没有冒出来，没有释放，那么我们就要更加深入地回到过去，以便能更深刻地感受。

我们越往回走得远，越能够更加清晰地感受消极情绪。我们越年轻，就越无法更好地理解世界。自然而然地，情绪会很强烈，而且有时候还会很消极。

当父母将孩子留给保姆照看，孩子拼命哭叫时，我们会感到同情，因为我们知道那个孩子还不明白父母是会回来的。这是我们在成长过程中必须学会的最重要的课程之一：在我们的爱源离开后，我们仍然是安全的，那个人是会回来的。除非我们在童年就学会了这一课，以及其他很多知识，否则难免会有非常强烈的情绪反应。

|第8章| 不压制你的消极情绪

有时候我们会受阻于当前的情绪,而感觉不到其他的事情。为了将当前的强烈情绪联结到过去,我们不妨安排一个背景使其浮现出来。通过学习将情绪联结到过去,一切无法治愈的病痛或者完全无法解决的问题,都有机会被感受和释放。

如果联结到过去仍然无法帮到你,那就将自己的情绪联结到更远的过去,比如,当我回到6岁的时候,我就想到曾被人从家带走了一个星期。

有一个暑假,我们一家到加利福尼亚旅游,父母问我们几个孩子谁想去探访亲戚,并告诉我们,那位亲戚就住在迪士尼乐园所在的街对面。我想当然地以为,我们一家人会一起去迪士尼乐园开心地玩一天,晚上就能回来,我当即表示自己愿意去。可等到姨妈家之后,我才发现其他人都没有来,而且我们也不会去迪士尼乐园。我在那里度过了一个星期,既伤心又害怕,不知道自己还能不能回家。

我可以将当前的任何情绪联结到那时我的伤心和恐惧上,为自己强烈的消极情绪创建一种适当的背景。

无论何时,当你感到烦躁却不知原因时,你要清楚这可能跟眼前的事物毫无关系。在这种情况下,为了感受和释放这些情绪,你要创建一种能够培育和释放情绪的背景。改变时间是一种值得学习的重要技能,如果你无法为自己的烦躁情绪找一个理由,那么你的头脑就会为自己创建一个理由。

如果你不愿意或者没有能力去体验那些冒出来的情绪,这些情绪就会不断地重复,从而阻止你前进,让你无法创建想要的人生。如果你不愿意回顾过去,并加注前面的爱池,那么你的过去就会不断重演。不审视需要释放的情绪,你就会一次又一次地陷入那个痛苦的情景中。

觉醒的人生：心想事成的秘密

我是在很多年以前意识到这种趋势的。当时，我在等待一个人，实际上我已经开始生气了，但我努力控制着自己不去感受这种消极情绪。随后，令人惊奇的事情发生了，我感到有一种想要走到厨房的洗碗池洗手的冲动。于是，我向左旋转水龙头开关。随着热水越来越热，我很平静地欣赏着这个景观，根本就没有注意到蒸汽冒了起来。我甚至没有意识到自己在做什么，将手伸到滚烫的水中冲洗，我立即疼得尖叫起来。

尽管手受伤了，但我的另外一部分得到了释放，我无意识地为自己创建了一个机会，去感受我那受到压制的痛苦情绪。滚烫的热水把我烫伤了，让我的肉体感受到了痛苦，而我的情绪却变好了，舒服多了。

从那一刻起我开始意识到，我们一直都在吸引或者被吸引到各种情绪体验二。当我们吸引那些与头脑里想的并不相近的消极情景时，我们的灵魂就会潜入这个情景，帮助我们与消极情绪联结并释放它们。有时候我们没有其他办法重新联结到真实自我，除非我们能创建一种背景，去感受这种压制的痛苦。

有时候，我们可以选择往前看，处理自己的情绪。如果我们感到烦躁，但又无法释放这种情绪，一个转换就可以产生巨大的作用。用几分钟想象一下任何一件已经发生的事情继续恶化，想象让你感到生气的所有事情仍然在继续，想象你最大的恐惧就要到来。想象一下你将体验到什么，然后处理你的情绪。通过假想这种简单的转换，你就可以创建一种适当的背景让情绪浮现出来。一旦它们浮现出来，只要花几分钟把它们联结到过去，你就能处理和释放这种烦躁的情绪，这种做法被称为假想处理情绪。

杰克对要在单位作的一次汇报感到很紧张。在每件重要的事情发生的前几天，他都会睡不好觉，并感到焦急和不舒服。在

第 8 章　不压制你的消极情绪

"个人成功"研讨班上,他通过练习往前看的方式释放自己的恐惧。

他将所有可能发生的最糟糕的事情全部写下来。一旦开始写,一切将会变得容易。他想象自己在汇报的过程中根本说不明白,大家把他的讲话当作笑话,没有人对他的汇报留下好印象,他的想法不符合标准……他没有机会了,他被解雇了。

直面自己的恐惧,并重新审视它,让他感到伤心,受到伤害,然后感到气馁。于是,他将自己伤心的情绪联结到遥远的过去,他曾给人作过一次报告,因为没有事先准备,他遭到了听众的拒绝。想到此处,他开始使用一些方法,处理由此产生的情绪,不可思议的是,他的紧张不安消失了。虽然这种紧张情绪偶尔会回来,但他已经知道怎样释放它了。

方法四：改变主体

消除阻碍和处理消极情绪的第四种方法是改变主体。花一些时间来关注他人的痛苦,而不是关注自己的痛苦。通过将注意力从我们身上转移到他人身上,可以让我们不介入自己的痛苦,并最终将其释放掉。当电影中发生的某件事让你热泪盈眶的时候,你也许都不知道自己为什么会有如此强烈的反应,很明显你过去曾经经历过类似的事情,你的某根神经被触动了。

尽管在家看电影与在影院看电影能看到一样情节,但在影院里观看的感受会更好一些。在电影里,演员把在生活中体验到的苦难和问题演绎了出来,由于故事更加悲惨或更加幽默,也更容易让我们感同身受。阅读也有不错的疗愈效果。我们通过体验书中人物的痛苦和快乐,也能保持与自己的联结。

在生活中,我们经常压抑自己的情绪,是理智不允许它们干扰我们,电影、那些伟大书里的故事,有助于将我们的痛苦戏剧化。当我们读懂了故事中人物角色的痛苦和悲伤，分享了他们的种种情绪时，我们被压抑的情绪也就得到了释放。

音乐也能疗愈我们的心灵。古典音乐之所以能够长久地影响人们，是因为作曲家们常常将自己捕捉到的生命中的生动时刻谱写出来，比如那些激动、救赎、希望、毁灭、愤怒、背叛和绝望等带有强烈情感的时刻，通过优美的旋律展现出来。

在我的研讨班上，我总是使用不同的音乐协助参与者感受那些需要释放的情绪。一部成功的电影能够引领我们穿越不同的情绪，这在很大程度上要归功于音乐的效果。一些音乐表示某些悲惨的事情将会发生，一些音乐则预示着危险。而还有一些音乐也可以给我们宽慰，让我们知道一切都会好起来。

帮助自己改变主体的另外一种方法是参加支援团。当我们给予他人同情，治愈他们的痛苦时，我们的内在痛苦也得到了一个释放的机会，而且有时候还会自动地释放。如果你与自己过去的情绪联结有困难，我建议你加入某个支援团，或者参加一个研讨班。与自我的情绪联结的能力也会通过把自己置身于与其他联结能力更强的人中得以增强。

当你对这4种方法都有了认识之后，你就如同拥有了强有力的情绪处理工具，你就有力量与任何消极情绪联结并释放它们。用这些方法练习几个月以后，你一定可以振作起来，享受丰富人生的快乐。

第 9 章
忠于自己，得到你想要的成功

> 你首先得相信自己，世界才会相信并回应你的愿望。

个人成功的秘密是忠于自己，而且要有不断地想要更多的欲望。为了获得个人成功，仅仅开心是不够的，你必须让自己想要更多的欲望得到成长。激情就是力量，当你真的想要更多时，你就会得到你想要的。那些没有得到更多的人，是因为他们不允许自己想要更多。他们在某些情况下，也许有过"想要"更多的想法，但他们没有去争取，就此而言，他们并非真正地想得到那些想要的事物。

要取得外在成功，我们必须有得到它的强烈欲望，以至于得不到时会有受到伤害的强烈感受。同时，我们还有必要学会释放和治愈这种伤痛，以便能够体验到内在幸福。在疗愈那些不可避免的挫折、失望、担心，以及其他伴随着渴望外在成功而来的消极情绪时，我们必须能够持续不断地找到内在的快乐、爱、自信和平静。

这个观点很好地解释了为什么很多获得巨大个人成功的人具

觉醒的人生：心想事成的秘密

有卑微的起点。他们小时候也许很贫穷，缺衣少食，甚至是孤儿。但他们在苦难中学会了怎样开心地生活，以及满足持续不断地想要更多的欲望。

> 想要更多的同时，还能感激自己所拥有的，这让很多人在人生中获得了成功。

世上有很多关于如何成功或者获得成功的故事倾诉着一个普遍现象，就是故事当中的一些成功者在得到他们想要的事物之后，心态开始变得柔和，最终因为自己"太柔和"，使他们的生活和职业生涯倒退。在获得外在成功以及"美好生活"之后，他们停止了创造成功，因为他们失去了与自己想要更多欲望的联结。他们不是慢慢地下降，就是急剧下降，没能让自己已经得到的事物保留下来。

当事业降到谷底，失去了一切之后，他们通常还会东山再起，这是因为他们的欲望再次膨胀。他们通过释放自己的痛苦，开始学会怎样在贫困中开心生活，再次为自己开垦出肥沃的土地，播种欲望的种子。

充分感受失去的痛苦，促使他们的欲望越来越强，离他们想要获取的外在成功也越来越近。他们一旦失去了所有，会开始接受和感激自己所拥有的。有了容忍和欲望，他们的成功会再次涌现。幸运的是，掌握了个人成功的见解和智慧，就没有必要通过极端的方式挑战人生，以增强自己的欲望。学会了与消极情绪联结并将其转换，也就没有必要以失去一切为代价满足自己想要更多的雄心。

|第9章| 忠于自己，得到你想要的成功

尊重自己不断膨胀的欲望

所有外在成功的秘密都源自人的欲望。你必须知道自己想要的，并深深地感受它、相信它。激情、信仰和欲望都是力量，当你不断地感受你想要的并去争取时，宇宙就会回应你的意愿。

当你用行动来践行你的意愿，满足你的欲望时，你的欲望就会变得更加强烈。你越是坚持，越是相信，就越能感受到更多。当你可以充分感受欲望时，该做什么的直觉意识和将会成功的信念就会自然地体现出来。采取行动获得你想要的，这种想法会不断增强你的信念，只有你先相信自己，外在世界才会相信你。

> 所有外在成功的秘密都是欲望、感受和强烈的信念。

几乎每个伟大的成功故事都充斥着被拒绝、失败、挫折、担心和失望等。那些想做大事或者有强烈欲望的人，会遇到更多需要克服的困难。他们会充满耐心和坚持，不断践行自己的意愿，满足欲望，从而获得成功。罗马并不是一天之内建成的，创建和吸引想要的事物是要花时间的，最重要的是你得有激情。

这解释了另外一个创建你想要的事物的大秘密：对成败起作用的不是你所做的事情，而是你想要的、感受到的和相信的事物。当然，行动是必要的，但也没必要把自己弄得精疲力竭。行动的确能起到重要作用，它能增强你的信念，而信念才是吸引成功的关键。

> 你首先得相信自己，世界才会相信并回应你的愿望。

觉醒的人生：心想事成的秘密

你冒险的时候、作出承诺要坚持到底的时候、跳入未知世界的深渊的时候，就是你增强自信，以及增强自己获取"想要的事物"能力的时候。了解了自己的直觉，你就不会将自己推到极端。一旦学会联结自己内在直觉和自信的方法，你就不必过度用力向前，也不需要冒很大风险就能吸引成功。

做了太多的事情却没有成功，有些时候是因为你不相信自己吸引和创建成功的力量。这让很多人把自己搞得精疲力竭，却没有得到自己想要的。他们过分付出，过度工作，终始无法获得自己想要的外在成功，因为他们完全依赖于通过"做"去获得自己想要的，这致使他们与自己"想要"这种信念断开了联结。

另外，有些人在精疲力竭的辛苦付出之后，的确获得了自己想要的成功。他们尝试了一切，做了一切，并为此将自己所拥有的都付出去，没有给自己剩下任何事物。最后他们倒下了，放弃了，他们开始祈求得到外面世界高级能量的帮助。他们感受到了自己强烈的愿望，并放手去接受自己拥有的一切时，他们便获得了成功。

发明天才托马斯·爱迪生，把自己的成功描述为99%的努力加上1%的灵感。他愿意尝试一切，当头脑放弃时，他就去动手。最终，他获得了伟大的发明。为了找出解决方法，他会不断地进行各种不同方式的尝试，直到问题得到解决。他证明了自己对成功的信念：坚持点燃自己的激情之火，收获伟大而杰出的想法。

通过应用个人成功的秘密，你将学会不用极端的方法也能够感受激情，不用冒险也可以相信自己，不用跌到最低点也能维系自己的成功。那么，学会应用你的自然能力，去得到你想要的事物吧。

|第9章| 忠于自己，得到你想要的成功

不需要一切全靠自己

无论何时，我们把自己推向极限时，都会通过感受消极情绪体会自己的极限。极限意味着我们很难感受积极情绪。当我们达到极限，并表示放弃的时候，我们就把决定权交给了可给予我们更高级能量的外在世界、心灵或者某个奇妙的想法。如果你有宗教信仰，就可以把那种力量当作上帝或者其他主宰者；如果你是无神论者或者不可知论者，那就把它当成你的直觉。

无论你将极限定义成什么，当你做完能做的一切，放手之时，你就会接收到你想要的。仅仅是感受到一种小的欲望，就放弃自己想要的事物的做法，通常也是行不通的。我们必须真的想要某些事物，并有感觉自己能得到的信心才行。当我们相信自己很幸运，或者外在世界会帮助我们的时候，成功就容易多了。当我们学会请求帮助，并得到帮助的时候，我们的人生就转换到了具有更高能力的层次，压力也会相应减少，因为我们知道自己的请求会得到外在世界的巨大帮助。

当我们知道很多事情不是我们能够决定的时候，我们就会放松许多，这是定期冥想的价值之一。花15分钟提醒自己无法决定一切，可以帮助我们为这一天设定正确的基调。我们要记住：我们是可以得到帮助的，不需要一切全靠自己。

如果不是每天都花时间进行冥想，我很容易认为自己能够掌控一切。定期冥想对于我们练习适时放手大有帮助。为了弄明白这一点，我们先停一下，做个小实验。快速地来回摆动你的一根手指，持续半分钟。然后，再做一次，但这次做的时候你要让自己有一个意识，并从内心提示自己，就像正在开着车的你一样，此时你的大脑并没有运行，你的身体就把事情给做了，其实你根本不知道它具体是怎么做的，一切全凭习惯。

要意识到你是指挥官，这是非常重要的。你可以像司机一样地发号施令，没必要在你驾驶汽车时，指挥发动机工作，更没有必要下车去推，车会为你完成所有的一切，你只需要发动汽车，并把好方向。

当我们体验到与自己心灵的联结时，就更容易明白自己并不孤单，是可以获得帮助的。只有请求某些事情发生，我们才能意识到所有事情在往自己期望的方向进行。我们总是与生活抗争，忘记了生活已经给了我们很多。每天清晨的时候，明确我们的目标，然后体验世界对我们欲望的回应，这不仅让我们更加容易获得成功，还不需要过度付出。曾花3年时间才能完成的事情，如今可能只需要3个月，也可能会由3个月变成3个星期。

能够做好某件事的自信，就是相信我们的预期结果将会发生。钢琴家不用坐下来考虑怎样移动手指就能自如地弹奏，那是水到渠成的事情。一旦学会敲击键盘，不用想到它，你的手指会自动地在键盘上移动，并敲出你想表达的文字内容。

无论做什么，我们都只要告诉头脑、身体或者心灵"去做吧"。事情要么发生，要么不发生。让事情发生的是我们与真实自我的联结，以及我们对想要的事物的清晰意识。练习或者实践之所以对我们有帮助，那是因为它能给我们以信心，而信心和意图会带来成功。

放弃挣扎，吸引更多支持

如果不知道该怎样发挥这种洞察力的能量，我们往往会陷入挣扎。只有努力把自己推到极限，才能体验到自我身上的巨大创造力。世界上许多成功人士都曾经历过麻烦缠身的日子，他们被

|第9章| 忠于自己，得到你想要的成功

迫变得低微、被迫放弃或者投降。当你掌握了上述个人成功的方法，你就可以照着去做，而不用承受那么多痛苦和挣扎。

明白了加注爱池、联结真实自我以获得伟大成功的方法，你仅需要保持与自己想要的联结，并尽你的能力去做，事情就会不可思议地向前发展，让你达成所愿。当你放下那些陈旧方法并获取外在成功时，你会突破极限，而后把它交给外面的世界，顺其自然。

如果你能每天不断地以"不需要一切全靠自己"的观念要求自己，你就没有必要那么费力地逼迫自己了。但这并非要你什么都不做，而是你要学会没有必要事事都要自己亲历亲为。你没有必要推着汽车前行，你只需要知道怎样驾驶。你仍然得尽力去做，只是当你知道而且相信外在世界的高级能量会帮助你的时候，一切会变得容易多了。

有些人的确把事情交给了外在世界，却没有得到想要的外在世界的事物。这是因为他们将事情全都交给了外部力量，这也是不行的。要获得成功，我们两方面都要做：既要对自己想要的事物负责任并努力付出，也要懂得请求帮助。如果过于依赖外部力量，我们就会停止感受自己的内在需要和愿望。当事情没有发生的时候，我们不要感到失望、伤心，或者害怕，而应该相信自己，坚定自己一定能得到的信念。

为了吸引和创建我们想要的，我们必须能够感受和释放那些因得不到而产生的消极情绪，并在这个过程中，保持与我们想要的事物的联结。我们必须敞开心扉，然后追问自己到底想要的是什么，我们的真实欲望便会浮现出来。此时，我们才有力量去创建我们想要的。

外在世界那些高级能量总是会帮助那些懂得自助的人。你

得先自助，外在能量才会回应你的需求并帮你达成所愿。随着你定期不断地修习冥想，你会渐渐感到有能量流入指尖并贯穿你的全身。

无论何时，只要你需要推力，你就可以举起双手，吸入更多的外在能量支持。这种能量将给你以活力、清醒，以及与你的内在创造力联结的能力。如果你把一切都交给外在世界，就停止了感受自己的那一部分，能量就不会继续流入你的体内。能量永远都在那里，但你要通过自己的努力将其吸入。

积极过度会阻碍外在成功

当人们使用积极想法否定他们的真实感受和需要时，积极想法就难以执行。总是要求自己保持积极的人，会压抑自己的消极情绪。他们既不想让其他人失望，也不想自己去感受消极情绪。他们不去感受未能得偿所愿带来的痛苦和失望，而是把注意力放在积极情绪上。

他们相信积极的想法、积极的情绪，包括信念、善良、仁慈、慷慨、开明、幸运、因缘、命运等。尽管这些可以使他们更加开心，但他们不能完全体验到自己创建、吸引和得到人生中想要的事物的力量。

在极力获取积极生活的过程中，他们无意识地弱化了引导自己人生的内在能力。他们无法满怀激情地感受自己想要的，过多地把注意力放在积极创建上，并热衷于生活带给他们的一切。他们基本上按这些积极的信念生活，比如：顺其自然、接纳并原谅一切、放弃自己的欲望、有求必应、放弃自我、抵制消极情绪、认为恐惧和疾病只是幻觉、期待奇迹发生等。他们把更多的注意力放在接受、喜爱和他们想拥有的方面，却没有把足够的注意力

第 9 章 忠于自己，得到你想要的成功

放在想要得更多上。

> 把太多注意力放在自己内在满足上会阻碍自己的外在成功。

如果有消极情绪，他们就会觉得内疚或者羞愧。不可否认，这些积极信念很重要，但我们也必须认识到消极情绪进入我们的情绪和欲望的必要性。

要获得个人成功，我们既需要内在动力，也需要外在成功。我们需要保证自己的积极想法不会阻止我们感受消极情绪和产生强烈欲望。从这个意义上来讲，我们不仅要实践积极的想法，还要有更积极的态度，以应对消极的情绪和欲望。

第10章
找到你的许愿星

> 不断增加的关注力，会增强你创建自己想要的事物的能力。

我还记得我女儿劳伦第一次学会许愿并坚持信念时的情景。在她大约5岁的时候，我们到夏威夷度假，她在一家小书店看到一盒"许愿星"。她拿起一颗，问我那是什么，我给她读了上面的说明。说明书上的内容大致是这样的："抓住这颗许愿星，放在靠近心脏的地方，闭上眼睛，然后许一个愿。你想要什么就可以得到什么。"

听到这些话之后，她激动得眼睛发亮，仿佛有了一个重大发现。她说："我可以要任何事物吗？"我说："是的。"她问我是否可以给她买一颗。当我们在沙滩上漫步的时候，她脸上堆满笑容，非常开心。她抓着她的许愿星，放在胸口处，默默地许愿。这是她所能想象到的最酷的事情。

过了几个小时后她便来问我："爸爸，我的愿望怎么没有实现呢？"当时我想："哦，上帝，我怎么回答这个问题呢？"嗯，其实我不需要回答。我妻子邦妮回答她说："只要你让自己的心扉敞开，不断地许愿，它们就会实现。但它们通常不会立即实现，这需要时间，你得有耐心。"劳伦对这个回答很满意，依然是满面春风。

邦妮在她的这个回答中总结了外在成功的秘诀，而且可能也是她人生中获得如此之多想要的秘诀：让心扉敞开，并不断地想你想要的。这也解释了为什么那么多人失去了创造力。当他们没有得到自己想要的事物时，他们放弃了，而且也停止了获取的信念。创造的秘密就是持续地保持一种强烈的有目的的意图。其感受就像是这样："我将会拥有那个事物。我真的想要它，我相信它将会到来。"如此一来，欲望和信念就会变为强烈的、有目的的意图。

知道你真正想要什么

通过与你最深处的欲望联结，并保持这种联结，你就可以找到自己的许愿星。不断地关注和感受你想要的，能够增强你创建人生的力量。首先在头脑和心里反复强调，然后通过行动，你就可以不断地创建自己真正想要的成功。

知道你真正想要的是什么，并不像说起来那么容易，有很多因素导致我们无法与自己的真实欲望联结。有时候，我们因为太痛苦而感受不到自己真正想要的，会误以为自己永远无法得到它们。恐惧是我们不允许自己去感受的主要原因之一。如果一件事物对我们并不是那么重要，即使得不到也不会那么痛苦。相反，如果是一件对我们相当重要的事物最终没有得到，我们很可能会痛不欲生。

28年前，我开始办讲座时，非常担心和恐惧。让我最紧张的部分就是演讲，因为演讲是我的天赋，是我来到这个世上所要做

|第 10 章| 找到你的许愿星

的事情,演讲一旦失败,我就会垮掉。如果我作为一位计算机程序员演讲失败了,就不会那么令人受不了,因为我的天赋不是演讲,演讲也不是我的人生目的。你越是冒险做一件与真实自我相近的事情,害怕被拒绝和失败的想法就会越强烈。因为你穿的衣服被他人否定是一回事,而你的信仰被人否定则完全是另一回事。

当你忠实于真实自我时,你就完全暴露了。如果你被拒绝或者受到批评,那么你受到的打击就更致命,伤害也更大。它按了你的开关,将过去那些你没有解决的问题和被压制的情绪引发了出来。我的担心源于自己没能释放过去那些未解决的情绪,但通过学习处理过去那些被抛弃、失败和无能为力的情绪,在接下来的几个月内我摆脱了不安与焦虑。

从这个体验中我明白了一个道理,就是我们越是要做真实的自我,恐惧就会越大。恐惧让我们拒绝了自我的真实需要,致使我们的感知遭受阻碍,难以感受灵魂的欲望。要提高我们创建自己想要的事物的能力,体验更强大的自信,就需要我们充分认识那些把我们往下推或者让我们否认自己真实欲望的因素。

信任、关心和欲望都是力量

当我们有一个欲望得不到满足的时候,我们通常会以某种方式放弃。我们不再关心、不再想要,不再相信自己能得到。当一个男人不再相信时,他也就不会再给予他人关心;当一个女人不再相信时,她就不再给予他人信任。无论哪种情况,他们都将会放弃希望。

信任、关心和强烈的欲望都是力量的组成部分,也都是我们需要的。要培养这些力量,我们必须与感受和需要联结。我们没有得到想要的事物时,让自己感到失望和伤心是很重要的。为什么有些名人和富人会做出过激行为呢？因为他们有着强烈的需要和情绪，过着紧张的生活。有时候，人们得花很大的代价才能到达顶峰，然后还要花更大的代价保持。

紧张情绪并不会毁掉我们的人生。当我们掌握了如何控制和释放消极情绪时，我们就可以把紧张情绪转化为积极情绪。当其他人得到了我们想要的事物时，我们自然会感到忌妒、失望和伤心；当其他人阻止我们得到想要的事物时，我们会感到受伤、挫败甚至是生气；当得不到想要的事物时，我们自然会感到害怕、担心和恐惧；当失败或者达不到预期时，我们就会觉得尴尬、遗憾或者羞愧。如果我们真的想要某件事物，会自然而然地产生这些情绪或者其他更多的情绪。

创建你想要的力量

与情绪保持联结有助于我们关心更多的事情，而释放情绪则让我们更好地建立信任。有时候学会放手，我们反而赢得了获取想要的事物的可能性。女人通常可以感受到很多情绪，但她们很难给予他人信任，也很难放手。男人则很容易放手，并且知道自己想要的是什么，但他们很难完全感受到自己的情绪。当男人把大量的能量放在他想要的事物上时，他们也就为与自己的情绪联结打下了基础。在设定目标并努力去实现时，如果事情总是无法成功，他们就能够更深地感受到自己的失败，这会使他们的欲望和信念的力量得到提升。承担合理风险，并将自己推到极限，有助于他们更好地感受自己的情绪。或者对男人来说，花时间去与别人分享自我感受，并不是那么重要。

女人通过将更多的注意力放在确认自己痛苦之后的需求上，便学会了释放消极情绪，并由此建立起信任。由于女人与自己的

第 10 章 找到你的许愿星

需要有更多的联结,所以女人天生拥有如何得到它们的智慧,能给自己更多的信任。对女人来说,承担合理风险,并将自己推到极限,并不是那么重要,与人分享情绪,能极大地帮助她们感受自己的需要。

女人在信任中成长的能力,是体验自己内在价值的一个重要方面。由于她们对自己的情绪和欲望有更深刻的感受,她们也就更加相信"我值得拥有更多、值得成功,我现在的生活值得更加富足"的观点。所以,她们愿意花时间倾听和培育她们的内在感受,这有助于她们找到信任,并释放消极情绪。

由于男人能够更多地与自己的需要联结,所以他们能给予目标更多的关注。由于他们能"感受到"自己的欲望,他们也就能清楚地意识到自己想要的事物是什么。他们的自信随之增强,产生能够完成一切任务的感受。他们通过花时间来回顾自己的目标,确认那些想要的事物,让自己保持良好状态,还会通过能够得到更多的渴望去获取更多。

> 不断增加的关注力和信任,会增强你创建自己想要的事物的能力。

欲望强烈时,直觉认知就会变得清晰。可能会发生什么,在你看来就会很明显。不断增加的信任和关注力会创造激情,增强你的力量去获取自己想要的事物。如果你将注意力放在你要的事物上,那个欲望就会不断出现。不仅你的思想会更富于创造性,而且事情也会按你的预期发展。

想增加自己获得想要的事物的力量,就要在你得不到的时候感受自己的消极情绪,然后释放它们。学会释放消极情绪以后,你就能够感受自己的真实欲望。通过与真实自我联结，你就会再次具有创建你想要的，以及守住你已有的事物的力量。

暂时停止你想要的欲望

当我们不知道怎样释放消极情绪的时候，最简单的方法就是暂时停止去获取我们想要的。即，当我们还不具备得到某件事物的能力，且使我倍感烦恼时，那就暂时停止想要它，或者减少自我需求的欲望。如果我总是能将欲望调节到我有能力得到的程度，那么我很难生出消极情绪。有些人非常愿意这么做，却不知道自己为什么还会感到心烦，或许是他们不知道自己为什么不能得到更多想要的事物。

《狐狸与葡萄》这个寓言很好地解释了暂时停止自己想要的欲望的过程。狐狸真的想尝尝葡萄，但是当意识到无法得到葡萄时，它的反应是暂时拒绝自己的欲望。在发现自己无法得到想要的事物之后，它对自己说："嗯，我才不想要那些葡萄呢。"

同理，当我们意识到自己还不具有让梦想成真的内在力量时，可以暂时拒绝自己最深层次的梦想。我们都有一颗神奇的许愿星，只要我们一直感受需要和愿望，就可以增加自己在得到想要的事物的技能方面的信心。

如果能够挥舞魔杖，把所有的暂时拒绝都带走，不仅会让你在人生中更加开心，还可以让你得到更多自己想要的事物。当我们相信未来的时候，就敞开了让更多事物进来的大门。我们必须相信，也必须说出来。如果不说出来，我们就很难得到。以得到想要的为信念，就拥有了想要的意识，以及充分感受的能力，我们也就具有了外在成功最重要的三大要素。

第 10 章　找到你的许愿星

不要为了他人的需要，拒绝自己想要的

大多数拒绝自己需要的人都是积极的人。他们总是相信，如果他们行善就会有回报。"种瓜得瓜，种豆得豆"，只是说对了一部分。斯克鲁奇（狄更斯小说《圣诞颂歌》中的老吝啬鬼）是怎样得到那么多钱的呢？为什么有些善良的人很难得到自己想要的呢？

这些问题的答案就是拒绝。善良的人会为了更多人的想要的，而拒绝自己的需求。像斯克鲁奇之类的人很难在乎别人的感受，他们想做什么就做什么，狂热地要他们想要的。善良的人为了对别人好，经常拒绝自己的需要，这本身没有什么错，但是我们可以做到既善良也能得到自己想要的。

相信自己能够得到想要的，有了这种强烈的信念，你就会感受到信任，从而下定决心，坚持到底，并保持强烈的激情。当你遭受挫折和失望时，这种信念会帮助你释放消极情绪，让你重新站立起来，继续前进。必胜的信念往往能够帮助你在外在世界得到成功。

正如我们讨论过的，尽管你可以得到外在成功，也不能忽略内在自我。当你出卖自己的内在获得外在成功时，无论你得到了多少都不够。如果你将事情转换一下，在人生中先获取不相同的爱，你就可以找到平衡。找到个人成功的秘密，永远不会太迟，无论你拥有了外在成功还是内在成功，抑或你两者都没有，你都有可能获得个人成功。如果你已经获得了世俗的外在成功，那就好好珍惜，再努力争取内在成功。你要做的就是采用个人成功的方法一和方法二，承认内在成功的重要性，然后得到你需要的。注满你的爱池，你就会享受富足的幸福。

请求外在世界的高级能量帮助你获得外在成功，会让整个过程更加令人兴奋，而且会减少压力。这个过程是一种冒险，具有挑战性。但过于依赖外在世界的高级能量会使你变得软弱。这些外在世界的高级能量就像智慧、慈爱的长辈，在你做事情遇到困难的时候给予帮助。孩子小的时候，长辈会多做一些，随着孩子长大成年人，长辈就会让他们自己多做一些，他们才能自信和独立。因此，你将自己能做的事情做好，碰到做不到的事情时，外在世界的能量才会助你一臂之力。

外在世界的高级能量愿意等待我们做好自己能够完成的事情。我们是这样增加自信的，也是这样增强我们追求想要的事物的信念的。奇迹大多数发生在我们明显地做完自己能够做的事情时。你要确信，你请求什么就会得到什么。

所有际遇都是必然

在多年以前，"男人来自火星"棋盘游戏刚发行时，我到纽约去做一些推广宣传活动。此前的好几个月，我一直都想会见那时美泰公司（芭比娃娃的制造商）的领导，跟他们谈谈我对推广这款游戏的想法。因为我们双方的行程安排都很紧，所以一直无法安排会见。

我在纽约之行期间，有一个访谈被推迟了。由于有了一点多余的时间，我决定到玩具展览会去看看，我在那里待了只有短短的20分钟。而恰好在此期间，美泰公司的董事长从那里经过，我们见面了。然后，我又见了他们的总裁和副董事长。当"玩具反斗城"的大买家经过时，我向他们阐述了一些我的营销想法。谁都无法在那样一个时间为我安排一次这样的会面，这一切的发生如此美妙。因为我早早地为此设定好意图，一切就自然地发生了。

我妻子邦妮把这种现象称为"上帝矫正法"。无论何时，如果

| 第 10 章 | 找到你的许愿星

发生了令人失望的事情或者遭遇挫折,她知道事情总会得到不断调整,并按照预期当中的场面顺利达成。如果我的宣传访谈不被推迟,那么与美泰高层的会面就不会发生。事实证明,这次会面比被取消的访谈重要得多。

早在几个星期前,一连好几天,我做完冥想之后都会想象与美泰的高层管理人员会面的情景。访谈因故取消的那个星期,我还在为不能如愿以偿感到失望。可是,在我没有为此做进一步的安排时,与美泰高层管理人员的偶遇恰恰发生了。

发生偶遇的那天,我也设定了我的意图。我希望我的宣传获得巨大成功,以激励参加展览会的买家为圣诞节大量订购这款新游戏。我想象着自己从所有的人那里都获得了"我做得非常好"的反馈。

那天的事发生得那么偶然,我过去的意图连同当天的意图始料未及地一并实现了。当你有规律地设定意图时,通常会发生这样的事情。事实上过了一段时间,你会意识到际遇是很少有的,那些貌似偶遇的机会其实就是你设定意图,并让意图引导你去获取想要的事物的必然结果。

一旦通过设定意图让事情真的发生,你的自信就会得到增强。其中的秘密在于从小事做起,把你认为可能和将会发生的事情设定为你的意图。还要经常加入一些额外的事物,为敞开的大门增添更多的事物。然后,当事情发生时,你会意识到自己具有创建想要的事物的力量。

意图得到满足时,信念、信仰和信任全都会加强。每天早上设定自己的意图,你就会清楚地认识到人生真的是由一系列小奇迹组成的,同时伴随着一些偶然发生的大奇迹。

所有的奇迹都同样重要。就算是能够自主地完成上下移动手指的动作，也是一个奇迹。只不过它随时随地都在发生，所以我们已经视其为理所当然了。当你达成所愿时，你会对自己新发现的力量感到激动。

感恩生命中的绿灯

随着你的体验不断增加，你的整个状态就会改变，你开始自信满满。当你人生中有大量绿灯时，你就不会在意偶尔出现的红灯，或停止标志，而是开始欣赏所有的绿灯；你不会去想那些拒绝你的人，而是想那些爱你的人；你不是把注意力放在正在失去的事物上，而是开始注意你正在得到的事物；你不是惦记自己的错误，而是思考往哪里前进；你不会感到受阻，而会欣赏人生中的转变和自由；你不会在夜里辗转反侧难以入睡，而会睡得更加香甜。

我还记得有一次跟女儿朱丽叶开车出去玩，那时朱丽叶只有十几岁。当我们因为红灯停车时，她问我为什么这个镇子总会让我们遇到红灯。我说："我们来做个实验，看看是否真的全是红灯。"

我们驾车绕着镇子转，结果发现遇到的绿灯要比红灯多很多。我们之所以难以注意到绿灯，是因为我们快速通过了。通过一处绿灯只需要几秒钟，但等待一处红灯却要花多得多的时间。很显然，我们之所以感受红灯多一些，那是因为我们在等待的过程中真的很想向前走。

> 人们容易忽视绿灯的原因是过分关注红灯。

这就很清楚地解释了大多数人对待人生的方式，他们总是疑

第10章 找到你的许愿星

感人生中的红灯多于绿灯。带着这种体验，他们就不再相信自己可以得到真正想要的事物。通过花时间去欣赏绿灯，感谢每天吸引到的事物，你会倾向于相信自己可以吸引需要的，创建自己想要的。感恩的态度会增加你的信任和信仰。在得到请求的事物时感恩，往往比一般情况下的感恩更加有力。

允许自己对一些事情生气

当我们感到被抛弃或者得不到支持时，我们通常的反应就是压制自己的真实需要或情绪，并且拒绝自己想要的事物。孩子如果得不到大人哄，过一会儿就会停止哭喊，继续要他们想要的事物，并开始变得平静、满足甚至哼起小调。得不到所需的事物会让他们痛苦，他们会停止这种感受，并开始变得平静。

当我们还是孩子时，我们不知道自己想要什么。我们能知道的就是得不到想要的事物会令我们很痛苦，以至于哭喊起来。如果我们慈爱的父母知道我们的需要，并把它给了我们，那么我们就能够识别自己真实的需求。总是得不到自己需要的事物，我很难真正清楚自己需要什么。

> 除非我们得到了需要的，否则我们无法知道自己需要的是什么。

我女儿劳伦6岁时的某一天，她紧紧地拉着我，大声嚷嚷着想要引起我的注意。她姐姐香农说："劳伦，不要这样为难爸爸。"劳伦的回应是："我今天一直都很难受，我只是需要有个人抱着我，给我讲一个故事。"我们全被她这种清晰的表达惊呆了。我对她说，我很快就可以这样做。然后，她耐心地等待，因为她相信我理解了她的要求。通常孩子生气，都是因为父母不给他们想要的，他们以为父母不理解他们需要什么。

根据成长过程所得到的支持，我们可以感受并且明白地说出我们的真实需要和欲望。如果得不到支持，我们会感到挫折，最终会压制或拒绝自己的需要。这就是感受消极情绪如此重要的另一个原因。如果允许自己对一些事情生气，我们就可以看得深一点，并开始找出真正需要的事物。

随着我们学会通过获取需要的爱来加注爱池，我们的真实欲望就会清晰起来，对我们想要的事物的拒绝也会逐渐减少，或者这种拒绝能够很快被我们意识到。

第11章
不要抵抗自己不想要的

> 我们越是强烈地不想某件事物,就越会把它吸引过来。

为什么当我们不喜欢某件事物时,这件事物反而会伴随我们终身?通常来说,我们所抵抗的事物会持续存在于我们身边,除非我们能够学会释放由此引起的消极情绪。怎么才能改变这种状况呢?这种信念就是阻碍我们获取自己想要的事物的原因。我们以为,只要我们抵抗不想要的事物,被抵抗的事物就会离我们而去。其实在大多数情况下,只有放弃抵抗,我们才可以自由地去创建我们想要的事物。

抵抗不想要的事物往往是火上浇油。我们主动地排斥某个人或者某种局面,实际上是给这个人或者这种局面增加力量。抵抗我们不想要的事物,我们就把全部的注意力给了它,而且我们还会按这样一种信念来行事——我们无法得到自己想要的,我们无意中为自己营造了这样的外部局面或者环境。

工作中,我们抵抗的大多数人,是被迫要经常打交道的人。让我们再来看其他几个例子。当我们抵抗孩子的感受时,他们似

觉醒的人生：心想事成的秘密

乎会变得更加强硬；当我们抵抗对甜食的欲望时，我们往往会想吃更多；当我们抵抗应付账单时，它们似乎会淹没我们；当我们抵抗堵车时，我们通常会不断地驶进最慢的车道。神奇的是：很多时候，我们抵抗的事物表现出来的能量似乎很强大。

通过抵抗，我们拒绝了自己创建和吸引想要的事物的内在力量，主动把注意力放在不想要的事物上，从而削弱了我们获取想要的事物的力量。当我们将注意力放在自己得不到的事物上时，就很难相信梦想成真；当我们把注意力放在外部时，就很难体验到内在的快乐、爱与平静。

这并不是要你无视那些你不想要的事物，而是要你利用它们以及由它们引起的消极情绪，把自己的注意力放在你真正想要的事物上。创建未来的力量取决于你当下的态度和做法，你要去感受和释放消极情绪，不抵抗它们，然后把注意力放在你真正想要的事物上。

抵抗会增强我们无法得到自己想要的事物的信念。我们会自动地开始收集自己无能为力，以及与自己的创造潜能断开联结的证据。我们相信什么，就会创建什么。我们的意念比大多数人所理解的要强大得多。人生中所做的事情，90%是由意念引起的，只有10%是由行动引起的。

当你相信自己能拥有更多但并没有得偿所愿时，你要审视自己。你会发现，你仍在自己的内心深处保留着部分不信任。当你选择了全然相信时，挑战获取你所抵抗的事物会让你变得更坚强，并增强你相信自己可以得到的信念。通过继续感受你想要的带给你的幸福时光，你会坚定自己想要的信念和激情。

> 我们相信什么，就会创建什么。

第11章　不要抵抗自己不想要的

当绝望战胜内在自信时，我们就会徒劳地去抵抗整个世界。我们不是敞开心扉努力去获取想要的，而是用尽所有的力量去抵抗我们已经拥有的。当抵抗一个人或者一种局面时，我们也就误导了自己的欲望。

我们不想好好与人合作，就会想让某个人离开；我们不想完成一个项目，就会浪费大量的精力拖延这个项目；我们不去修补伴侣关系，就会浪费精力希望伴侣停止某种行为。只要我们将注意力放在自己不想要的事物上，就无法把自己的思想带到没有得到的事物上。实际上我们更需要关注的是我们真正想要的，而且在任何时候都要记住我们可以得到。

我们发觉伴侣不再爱我们的时候，就会抵抗对方的行为。我们双方不是把精力放在让彼此开心、对彼此的关心上，而是等着彼此再次伤害，就会再次对彼此感到失望。我们所抵抗的事物会持续下去，我们关注的是什么，得到的也就是什么。我们把自己的注意力放在人生的哪个方面，就会增强哪个方面。当我们带着强烈的消极情绪留意某个人时，我们反而会吸引这个人身上自己抵抗的事物。

当你抵抗某件事物时，你就会不断地创建它，因为你相信它不会离开。你的抵抗来自一个自我无望的地方，而无望诞生于你相信自己无法获得自己想要的事物时。

> 当你抵抗的时候，你就是在增强自己无法获得想要的事物的信念。

请想象一下，当你知道自己到信箱里会取出一张百万美元的支票时，即使当时信箱里有很多账单，你也不会拒绝支付这些账单。你不会害怕要为这些账单开支票，相反，你可以平静地接受它们，支付它们，或者是耐心地推迟支付。你之所以不拒绝，是因为你有足够的钱让你感到自信。

请想象一下你的伴侣病了，但你知道他肯定会很快好起来。在这种情况下，你会小心地处理相关事务，并且贴心地照顾他，你不会认为自己被忽视了。你既不会抵抗疾病，也不会有任何心理负担。你不去抵抗，是因为你相信自己以后可以获得需要的和想要的。你自信将会到来的一切，让你避免了与抵抗的事物捆绑。很显然，有了对抵抗的这种见解，要想获得成功，只需要放弃抵抗。

获取外在成功就像滚雪球一样。雪球从山上往下滚的过程中，会变得越来越大。同样，在体验到一些成功之后，你就会相信更多，同时会获得更多。由于获得了更多，你还会相信更多，与此同时你的成功概率就会增加，然后自信会增加，而你就会变得更加激动和更有热情，并开始焕发出积极能量和信念。

人们一旦交上好运，就会持续一段时间。没有任何事物能够像成功那样具有赢得下一次成功的魔力。明白了这一点，你就可以体会到每天设定意图的重要性。当你提出要求而且事情也发生了时，你就会感到激动，因为你领悟了将结果吸引到人生中的内在力量。然而，如果不敞开心扉去欣赏那些小奇迹，你就永远无法吸入更大的奇迹。相反，你将陷入抵抗那些你不想让它们发生的事情。

要体验个人成功，你必须感受欲望并且按欲望行事。然而，人们的欲望大部分来自抵抗或者"不想要"。从某种意义上说，这些不是真实的欲望，而是虚假的欲望。虚假欲望不能吸引你真正想要的事物，还会浪费你的精力，并增强你无力获得想要的事物的感受。

| 第 11 章 |　不要抵抗自己不想要的

> 将注意力放在你不想要的事物上，只会增强你无法获得想要的事物的感受。

假设你遇上了交通堵塞，又恰逢你急着赶路，你就会期望尽快开动汽车，因为你实在不想被困于此。通过抵抗交通堵塞，你将注意力放到了你不想要的事物上，这恰恰吸引了更多的抵抗。这会让你凭直觉选择一条车道行驶，即使你选的不是最糟糕的，你也会自认为选择了最糟糕的。

每次去超市买东西的时候，只要去晚了，或者感到很焦急，你很可能选择的是最慢的那条付款通道，这是为什么呢？这不是机遇问题，而是你可以料想到的：你偏离平衡又急忙选择的结果。

如上所述，在交通拥堵时，如果你偏离了中心或平衡，你将会无意识地或者"凭直觉"选择那条最慢的车道，如同你抵抗的时候，就会有更多的机会吸引抵抗。因此，只要你把注意力放在不想等待方面，那么，你得到的往往是更多的等待。

为什么受伤的总是我

为什么治愈过去创伤非常重要？如果我们在一次生意或者一段关系中受到了伤害，绝不会想再次受伤害。我们越是抵抗这种感受，越是容易吸引再次受伤的机会。从另外一个角度来看，如果我们没有受过伤害，我们不会对伤害考虑太多，自然地就会把注意力放在真正想要的事物上，然后把想要的事物吸引到自己的人生中。

一旦有什么坏事发生在我们身上，不抵抗是非常困难的。事

觉醒的人生：心想事成的秘密

情一旦发生，我们会下意识地想要避开它，我们也由此把注意力放在了已经发生的事情上，并且我们越是不想让它再次发生，在某种程度上我们就越会把它吸引到我们的人生之中。我们把过去治愈得越好，就会越少遭受过去的影响。如果无法释放自己过去的痛苦，我们就会受阻于某些方面，且不断重复其消极模式。

例如，如果我们强烈地想要摆脱孤单，得到的就是孤单；真的不想被拒绝、被忽视，得到的就是被拒绝或被忽视；憎恨在某件事情上的失败或者损失，得到的就是失败或者损失；害怕去做一份不开心的工作，这份工作带来的痛苦就会源源不断；无法忍受与某人共事，就会无法摆脱那个人。

> 我们越是强烈地不想要某件事物，就越是会把它吸引过来。

学会疗愈过去的痛苦，并释放由此产生的消极情绪，我们才不会总在自己的内心深处希望它不再发生。当痛苦被治愈时，担心它再次发生的念头也会随之消失，我们就可以更加自由地将注意力放在自己想要的事物上。由于能够释放过去的伤害，因此我们的积极欲望也会增加。

如果拒绝审视过去，那么它就会一再出现，并拜访你。如果拒绝审视你的情绪，那么你就会自动地被吸引到使你想起那些情绪的局面中去。此外，抵抗会干扰你吸引真正想要的事物，从而耗尽你的精力，这就像在你的爱池的围墙上打了一个孔，你永远也无法将其注满。你的力量总会因此泄漏出去，而不是被建设性地、有意识地利用。

我们可以做个实验，看看你在一天内用文字写下来的所有消

| 第 11 章 | 不要抵抗自己不想要的

极想法和信念。你会惊讶地发现,在这一天内感到的抵抗越多,记录就越是杂乱无章,而你能够表达出来的抵抗仅仅是冰山的一角。

你记录下来的消极言行,反映的是你内心的一种抵抗。尽管你真正挑战的是治愈内在的情绪和信念,但你更要关注你所说的话。当你在创建人生方面获得更多的自信以后,你将会体验到:你说了什么很可能就会发生什么。你的语言力量是巨大的,特别当你表达出的意图充分反映你真实的欲望时。

肯定地表达自己想要的

抵抗游戏是很有趣的,我女儿劳伦 12 岁大的时候,我们会玩这种游戏。一天,我们一起去购物,我们发现我们说出来的话全是消极的。然后,我们尝试用不同的方式来表达想法,并把它当作一种有趣的游戏,这样我们就不会那么严肃地拒绝抵抗。以下是我们议论的部分话题。

原本我可以这样说:"大概没有什么好的停车位了,我们停到那边去吧。"我改为这样说:"我们去看看有没有更好的停车位。"我们到了想停车的地方,而且顺利地找到了一个停车位。

原本她可以这样说:"我不希望等很久,我有很多作业。"然后,她改为这样说:"我希望一切顺利,我们可以速战速决,我想有更多时间写作业。"

当我们离开商店时,原本我可以这样说:"如果我们迟到,妈妈会不高兴的。"我改为这样说:"如果我们能早点回到家,妈妈会很高兴的。"

到家后,原本我可以在车内说:"别忘了把购物袋拿下车。"我改为这样说:"我们要把所有需要的东西都拿走。"

积极回应你对伴侣的诉求

以上原则在婚姻关系中同样适用。不要把注意力放在不希望伴侣去做的事情上，也不要放在不希望伴侣去感受的方式上，而要放在你真正想要的行为和回应上。不要抵抗伴侣的消极情绪，而要把注意力放在想让伴侣注意到你是一个多么值得爱的人上。回想一段伴侣很赏识你的时光，并在内心这样告诉自己："我希望我的伴侣爱我，而且认为我很好。"不要这样去想："我的伴侣再也不会帮助我了。"要回想伴侣帮你摆脱困境的日子，并再次体会曾由此带给你的感受，然后将你当下的意图设定为："我想让我的伴侣主动提出帮忙。"通过这样的态度转变，你原来问题的99%就得到了解决。通过设定积极意图，你唤醒了内心那个"获得自己想要的事物是可能做到的"的信念。在你更加相信它的时候，它就会发生。

> 用积极的方式要求你想要的事物，事情就会发生。

根据沟通的层次，要练习说积极的话，提积极的请求，而不要抱怨、批评或者苛求。要尽量避免这类表述："不能""你没有""你应该""你再也""你总是""你为什么没有""你为什么不"……试试用更加积极的方式或者直接的请求来重组你的表述，一定会很有效的。

不说"我们再也不外出了"，而说"我们这个周末做些特别的事情吧"。

不说"你又忘记倒垃圾了"，而说"你下次去倒垃圾好吗？垃

|第11章| 不要抵抗自己不想要的

圾桶装得太满了,所以我把它倒了"。

要求得到更多的秘密,在于你向对方发出请求时不传递任何责备、羞愧或者内疚的信息。当你使用如同请伴侣把黄油递给你一般的轻松语调向伴侣提出要求时会事半功倍。更没有必要要求伴侣听你的话,或者怀疑伴侣会不会你的听话。

> 如果你带着伴侣不会听你的话的想法去跟他沟通,他就不会听你的话。

如果你抵抗某些行为或者态度,那么就在你情绪好的时候,用友好的话语简洁地提出来,然后耐心地坚持。偶尔也可以再请求一次,但每次请求时,要做得就像第一次请求时那样轻松。经过几次之后,你的伴侣会意识到他没有将你想要的给你,然后感激你没有责怪他。这种感激会让他摆脱抵抗,并激励他为你做更多的事情。这种做法同样适用于办公室、学校或者家庭中的所有关系。

把握美好过往的无限力量

请记住,消极的体验会增加人生中的阻力,积极的体验会增加我们的自信。当我想要的某件事真的发生了,我就会回忆其他成功的时光。当我着手写作遭遇截稿困难时,我就会花一些时间回想按时完成任务的场景。在这个过程中,我感受到我很满意自己的工作,而且做得很好,并再次感受大家对我作出的积极评价和欣赏,这增强了我可以再次做到的信念。于是我真的做到了!

如果你不能主动地记住积极的情绪,你的担心和怀疑就会冒出来。尽管这是我的第十本书,但我刚开始写作时仍然会感到害怕。我开始抵抗写作的过程，其中一部分来自内心深处对自己黄金岁月逝去的恐惧。我害怕这本书不像其他几本那么好，害怕这次做得不够好。这些担心都是实实在在的，如果我不懂得如何去处理它们，它们就会阻止我继续向前走。

所有作家，无论成功与否，都会面临这些问题。在创作期间，都会产生思维空白，不知道是否能做或者该怎样做。然而，就这么开始了。我每次都感到很惊讶，显然这是一种天赋，但这同时也是多年的实践、坚持、挫折、失望、担心和焦虑打造出来的。在每次成功之后，自信心得到了增强，这种天赋或者创造的力量也增强了。我尽力而为，其余的上天自有安排。

花时间回忆积极的体验，对建立自信和信念是极为重要的。这与不要仅看红灯，也要看绿灯的道理是相似的。如果你只是注意红灯，你就是在抵抗你的人生；如果你能够记起人生中那千万次绿灯，你就能够建立自信。

如果你的生命中没有那么多绿灯，你可以通过治愈过去创建自己人生中的绿灯。通过将现在的消极情绪联结到过去有相似情绪时的情景，你就可以回到过去，用更加成熟的头脑，从更加慈爱的角度去疗愈它。当你还是个小孩的时候，你要依靠父母了解事实。作为成年人，你可以回过头去体验小时候有过的情绪，并对其作出修正。

当你小时候感到被抛弃时，你并不知道有一天自己有能力得到所需要的爱。由于小孩没有这种洞察力，当时的你就会形成这样一种信念："我永远得不到爱""我无法得到我需要的爱""我肯定是做错了什么"……

作为小孩，我们并不具有能够作出合理想象的、充分发育的大脑。在那个脆弱的年纪，我们形成了错误的信念，并会持续地

|第11章| 不要抵抗自己不想要的

影响自己此后的人生。尽管无法改变过去,但我们可以改变自己已经形成的信念,可以重新评价所发生的事情,以及我们的感受。通过回顾过去,使用本章所阐述的处理技能,我们受到限制的和错误的信念就可以修正过来。

拥抱过去那个痛苦的自己

我们感到痛苦,是在以某种方式体验消极且不真实的信念。我们痛苦是因为我们相信了不真实的事情,尽管内心告诉我们那不是真实的,但我们的头脑却相信了这件事。要改变信念,我们就得回头去感受这种痛苦。如果我们的痛苦源于我们将永远得不到爱这个信念,那么,在成熟的大脑重新联结到过去时,我们会自行修正。

> 我们感到痛苦,是因为头脑相信了某件事,尽管内心告诉我们那不是真实的。

当我们不时感到没人爱,并认为自己不值得爱时,如果我们能够回过头去感受过去的这种痛苦,当下的这种痛苦感受会开始自动消失。小时候,我们并不知道自己有多美、有多可爱,当被忽视或者受到不公平的待遇时,我们没有能力找到原因,这让我们失去了与真实自我联结的机会。甚至时至今日,在我的人生中,我还会时而忘记我是一个多么好的人。幸运的是,当怀疑或者无价值的情绪冒上来时,我懂得该怎样处理它们。它们往往在几分钟之内就消失了。

我只是将现在的感受联结到我7岁时发生的一件事上,我允许自己像一个7岁的小孩一样去感受,以为自己永远也找不到回家的路，而且家人也已经把我忘了。几分钟内，我想象着自己身处那个场景，感受着那时的恐惧。然后，我给了自己一个拥抱，并对那个 7 岁的小孩说，你是有人爱的，你没有被忘记，你没有做错任何事。

　　我对自己保证，我很快就会得到爱了。在我联结到小时候的几分钟内，我重新感受到了自己是值得每一个人爱的，如果人们不爱我，那么很明显这是他们的损失。

　　通过找到过去的一些伤心事，你可以回到那些时间段，将前面的爱池注满。为了不断地将更多的事物吸引到我们的人生中，我们必须不断地体验更多的自爱和自信，创建越来越多事物的过程是无止境的。

第四篇

清除个人成功路上的障碍

The secret
to
get
what you want

第12章
尊重你所有的欲望

> 当你尊重自己的真实欲望时，一切都会得到解决。

承认和尊重你所有的欲望，是找到真实自我的基础。尽管灵魂的欲望是个人成功的基础，但你必须要尊重所有的真实欲望，它们是：灵魂欲望、头脑欲望、心灵欲望以及肉体欲望。

没有体验到内在成功，你就没有与你的心灵欲望联结；没有体验到外在成功，就是没有与你的头脑欲望联结；没有吸引到你想要的事物，就是你没有满足你的灵魂欲望；身体不健康或者缺乏生气、没有活力，就是没有满足你的肉体欲望。

与你所有的欲望保持联结并尊重它们，会让你有清晰的人生方向，也能确保你的个人成功。尊重欲望并不意味着你得按其行事，只要你倾听和尊重所有的欲望，它们就会变得协调一致。

> 任何层次的欲望与其他层次的欲望协调一致时，就是我们真正的欲望。

觉醒的人生：心想事成的秘密

有很多种方法让我们无意识地与我们的真实欲望断开联结。我们有不同的欲望，有时候它们也会矛盾。比如，头脑想要让我们变得强大的事物，灵魂却想要令我们慈爱和开心的事物。当我们无法纵观全局的时候，头脑也许立即就想要金钱，而不在乎在这个过程是否开心或者慈爱。这是头脑赢得了与灵魂之间的战争。这种头脑压制灵魂想要开心和慈爱的欲望倾向，给我们制造了一种内在矛盾。

在有些地方，头脑是支配灵魂并赢得这场战争的。头脑说："我不在乎今天是否开心或者慈爱。我只要有钱，然后就会开心了。"

而在另外一些地方，灵魂趋于赢得这场战争。头脑想开心，就屈服于灵魂的智慧，并相信快乐只能来自于内心。头脑尊重灵魂的欲望，却压制本身对外在成功的激情和欲望。于是灵魂想要开心和慈爱的欲望得到了满足，但头脑却没有获得在外部世界里想要的事物。

现在，我们再也不用为此而博弈，这是好消息。正如我们在前面讨论过的那样，现在我们有更多的抽象思维能力，知道有些完全不同的事情没必要分出好坏。一种欲望并不优于另外一种欲望。同样的道理，心灵欲望并不优于头脑欲望、灵魂欲望或者肉体欲望。它们全都是不同的，却可以共存并同时起作用。

我们可以通过尊重肉体、心灵、头脑和灵魂这4个层次的欲望赢得这场战争。当我们与所有的欲望联结时，我们就有了感受自己真实欲望的机会。为了感受真实欲望，我们得倾听自己所有的欲望，但有12种因素会干扰我们的倾听。认识并挖掘这些因素，我们会意识到，我们知道的、想到的、感觉到的或者想要的事物与我们真正想要的事物之间会有所区别。

|第 12 章| 尊重你所有的欲望

这 12 种断开我们与自己真实需要的联结的因素是：报复、依附、怀疑、推断、反抗、屈服、逃避、辩解、拒绝、克制、消极反应和牺牲。下面，我们逐一作进一步的探讨。

可以生气，但不要报复

当你生气却又不知道该如何消除气愤情绪时，你很可能寻求报复的途径进行排解。但是，当你想伤害某人或者让这个人受到责难的时候，你就跟自己灵魂的慈爱欲望产生了不协调。当你自我中的一部分想要慈爱，而另一部分却想要伤害他人时，你的力量就被抵消了。

曾经有一个说法："不要发怒，但要报复。"这实际会让你远离灵魂欲望。由于有强烈的情绪和大量的激情，你也许会成功，但你不会对结果感到开心。你只不过是在浪费时间和精力，而这些时间和精力原本是可以放在你真正想要的事物上的。

你的时间、精力和注意力是有限的。如果你在人生中真正想要的事物是慈爱和快乐的，那么，报复会浪费你的时间和精力。希望不好的事情发生在那些曾经以某种方式伤害、扰乱或者背叛过你的人身上，会消耗你的力量。无论何时，只要卷入责备他人的旋涡里，你就不会再相信自己能够得到想要的事物了。

你不相信自己，就会丧失自己的内在力量。你开始相信："我无法开心，是因为那个人所做的一切；我无法得到我想要的，就因为那个人所做的一切；我无法变得慈爱，除非那个人改变、离开或者像我以前那样受苦。"就算你的报复成功了，那种满意感也不过是短暂的。报复使你解脱，但它并不能治愈一切。你也许会感到短暂的满意，但你将终身为自己的报仇行为辩解：是那个人让我无法获得想要的。这是因为，当你试图进行报复时，你不仅否定了自己想要慈爱的欲望,还否定了创建自己想要的事物的力量。

学会用原谅来释放责备,就能摆脱这种浪费时间和精力去报复的倾向。只要你抱着惩罚、报复或者教训某人的欲望,你就在大脑里无偿地为消极情绪提供了空间,用来实现梦想的精力就这样白白被浪费。当放弃报复的欲望时,你就不需要再靠外力取回让你内心快乐和满足的力量。

体验伤心,不要依附

通常当失去某人或者某物时,我们会感受到一系列消极情绪,比如伤心、恐惧、遗憾和挫败。感受这些情绪是一种疗愈方式,也是释放它们的一个必要手段。如果你不懂得如何通过疗愈心灵处理和释放消极情绪,那么你将会执着于你不再拥有的一切。

当心灵的创伤没有被治愈时,我们会继续等待那些无法获得的事物。如果我们紧紧抓住过去不放,就会无意识地推掉辉煌的未来。当然,坚持没有什么错。坚持的倾向是很美的,那是爱的一种纯洁表达。当我们爱一个人的时候,我们就想坚持爱下去。但爱下去的秘诀是,到了需要作出改变的时候,该放手,就必须放手。

如果我们拒绝放开那些再也无法得到的人和事,坚持就成了一种病态。学会放手、接受和相信变化,我们才能清楚地体验每一个变化,无论有多么悲痛,总能在放手之后收获更多的机会。

在人生中遭受损失或者挫折的原因多是固执。为了消除固执,我们需要再次找到自己心灵中的爱。我们错误地相信自己需要某个特别的人或者某件特定的事物,实际上我们真正需要的是:那个人或者事物提供给我们想要的。一个人之所以特别,只不过因为是他给我们提供了爱,而爱在其他地方总是可以找到的。通过

第 12 章 尊重你所有的欲望

放手，我们打开了为自己的人生获取新事物的通道。在无法放手时我们会很痛苦。

> 一次损失或者挫折造成的持久悲痛，会在我们不敞开自己的心灵再次寻找爱的时候出现。

当我们习惯从某个人那里获得爱和支持并依附他时，我们就会断开与内在自我的联结。为了感受到爱，我们认为自己需要那个人，却没有意识到我们真正需要的是那个人提供给我们的爱和支持。让我们与自我重新联结的支持，在其他地方也可以找到。没有谁能够取代那个人，但总有其他方法可以注满我们的爱池。在再次注满爱池之前，我们将暂时遭受空虚的痛苦。

此外，我们会变得更加执着于自己想要更多的欲望。当这种欲望被过度坚持时，"必须拥有一些事物"的念头才能让我们感到更开心，这有可能否定了我们的内心已经很开心的现实。当我们为获得更多钱或者得到一件梦寐以求的东西而感到高兴时，我们就会坚持要去拥有它，而且会在短时间内相信我们必须拥有它才会让自己感到高兴。如果我们没有学会通过获得需要的爱与真实自我联结，这种绝不放手的坚持就会持续地产生。

当你在精神上打算放弃，不再坚持的时候，就是你冒着一个极大的危险否认了自我内在的激情和欲望。如果你放弃了梦想，你就不可能获得梦想成真的力量。你必须感受内在的激情，才能获取自己想要的。有些人为了不再坚持，放弃了自己的欲望。他们说："我不应该如此坚持。"然后通过压制或者否定真实欲望的重要性让自己放弃。我们在放手的时候，必须小心，不要减弱或压制自己的欲望。

当你学会通过祈祷语和冥想来加注第一个爱池时，你会在精神上体验到一种提升。如果你能够直接体会到这种变化，就不会再依附于那种曾经以为只有某件东西才会给你带来的快乐。你仍然会想要那件东西，但并不是你拥有它才高兴，而是你想要得到它，但并不执着于得到它。这种无须执着的欲望也是很强烈的，而且具有很大的力量。

怀疑你的怀疑，打开所有可能性

要获得解决问题和创建想要的事物的创造性力量，你就得从不确定性开始。要领会更多的知识和见解，首先你需要感到有一定程度的未知和不确定。这跟怀疑有很大的区别，怀疑是因为不相信，而未知只是不知道。从这点来看，你仍然会相信未知的可能性。

在感到害怕的时候，如果你这样说："我真的不知道。它也许会发生，也许不会。但我想它肯定会的。"这就将怀疑转变为不确定，你会再次相信存在着积极的可能性。当你只是不确定，却受阻于无法相信自己的时候，你就可以怀疑你的怀疑，然后看看结果会是什么。

> 当你将怀疑转变为不确定的事实时，就可以相信存在着积极的可能性。

当你去感受这种不确定性时，你就能展现自己最具创造性的一面。如果你很确定自己的感受，你就不会敞开心扉，不会想去知道更多。只要有疑问或解决的需要，方法就会产生。我最喜欢的祈祷语之一是"请告诉我该怎么走"。每当我不知道下一步该怎么办的时候，我就会提问，而解决方法最终一定会出现，我也获

| 第 12 章 | 尊重你所有的欲望

得了想要的。

每当我感到焦虑时,我就会提醒自己,我要开始怀疑,而不是去承认我不知道,这样我就可以释放焦虑感。我已经认识到,在得到一个新答案、一种更加清晰的见解,或者一些美好事物之前,总会先产生不确定性。

为了释放焦虑感,我做了一些细微的改变。我首先问自己害怕什么,接着会自问:"这些事情肯定会发生吗?"这让我看到了自己根本不确定有什么不好的事情会发生。大多数焦虑都是因为我们相信了恐惧,而忘记了自己其实只是不确定而已。将头脑向所有的可能性敞开,你就可以开始与内在的指引沟通,并再次感到自信。

> 在你感到不确定的时候,就不要确定一定会有不好的事情发生。

如果我们怀疑某件想要的事物是不是能得到,我们就会自动停止想要的想法。怀疑会扼杀激情,阻止情绪的流动。释放怀疑的简便方法就是承认自己并不确定,打开所有的可能性。

在我为他人提供咨询服务时,我感受到他们中有一部分人失去了信念,他们总在怀疑。当我让他们大声说出他们想要的事物时,他们就会自动地与那些知道或者相信可以拥有想要的事物的人联结。释放怀疑,能够让你把注意力放在想要的事物上面,而不是浪费时间去抵抗不想要的。

认识你的推断,做真实的自己

阻止我们感受真实欲望的一个途径,是用推断排除真实欲望。

觉醒的人生：心想事成的秘密

即使我们的心灵告诉我们不想做某件事，我们的头脑往往也会给出一个我们必须做的理由，然后支配我们的行为。也许我们会说："这是我的工作"，或者"这些是给我的命令"。当那些纳粹战犯被问到他们为什么能够那么惨无人道地对待战俘时，他们的回应是："我们只是在执行命令。"这是他们的头脑给了他们一个必做的理由，但他们终有一天会受到良心的拷问。

推断的另外一个侧面会体现在我们不相信自己可以做某件事的时候，或者我们认定自己无法做成某件事的时候，我们不是继续去要我们想要的，而是推断我们的欲望。如果我们因没有达到某个目标而感到失望，那么我们就会劝说自己摆脱这种情绪。我们也许会对自己说这样的话："不要生气。""我不可能把它们全都赢回来。""那不是我的东西。""我的目标不切实际。""这不可能。"或"这还不是时候。"

实际上，自言自语对我们非常有帮助，它是一个感受然后释放我们情绪的机会。我们错误地得出结论，认为要释放消极情绪就必须说服自己不做这些事。从长远来看，这是不可行的。这样做不是增加了消极情绪，就是压制了它们，同时也压制了我们感受自己想要的事物的能力。有很多人在压制情绪多年之后，反而不知道自己想要什么，也就无法满足自己的需要和欲望。

很多情况下，只要意识到并花时间感受消极情绪，就足以将它们释放。孩子都有这种能力，如果给孩子充分感受自己情绪的自由，并让他们与一位有爱心且富有同情心的倾听者分享自己的消极情绪，他们很快就会自动地拥有积极情绪。

作为成年人，我们并不需要如此依靠他人帮助我们释放自己的消极情绪。21岁之后，我们就可以开始锻炼自己用爱和理解倾听自己的潜能，这是好事。一般来说，很多人是不想倾听他人的

第12章　尊重你所有的欲望

消极情绪的。作为成年人，我们可以花些时间把自己的想法、情绪和欲望写下来，从而倾听我们内心世界正在发生的事情。如果我们学会不挑剔或者不抵抗地去倾听自己，就会将我们引回到真实的积极自我那里。

一旦推断或者劝说自己摆脱消极情绪，我们就会被压抑，并断开与本性的联结。推断可以暂时创建宽慰，但是，在很多方面它帮了倒忙，除了将我们与真实自我断开联结之外，它还会耗费我们的生命力，导致我们生病、厌烦、毫无生气。

更重要的是，推断会掩盖我们做自我修正的懊悔情绪。我们也许做了一些伤害他人的事情，但通过推断，我们否认了自己需要同情心的欲望。我们对自己说："没有其他途径可以得到我需要的了。"或者"我不应该感到惭愧，因为这不是该我负责任的。"

我们用这种否定断开了自己与同情心的联结。即使我们不需对某个损失或悲剧负责，我们也应该感到遗憾，并希望事情是另外一种结果，这都是很自然的。冷血的推断让我们的心肠变硬，阻止了我们与世界的联结。

尽管心灵会一再告诫我们不要去做一些事，但我们的头脑会找出种种理由去做这些违背心灵意愿的事。我16岁时，首次体验到了这种矛盾。那时，我正开着车去送报纸。突然听到了一声巨大的撞击声，我立即下车，看到一只受伤的狗。我先是感到遗憾，然后就想："我该怎么办呢？"我担心有人责备我伤害了这只狗，我会陷入麻烦。于是我将狗移到路边，然后回到车上，继续前行。

事后，我意识到自己犯了一个错误。我听了头脑的话，而不是心灵的话，因为心灵是想帮那只狗的。我的错误是没有多做一些事情来帮助它。至少，我可以去敲几次人家的门，让其他人知道这次事故，并尽力给予应有的帮助，但我没有那样做。

在我后来的人生中，我意识到了我没有那样做的原因。那个时候，我看到了所发生的事情，我就想："我并没有超速行驶，我就是没有看到它，我不是有意去伤害它的。"当我把注意力放在这些推断上面时，我就不再感到遗憾了。我觉得这不是我的错，所以回到车上，继续前行。我从此原谅了自己，但我并没有忘记这次教训。我现在很小心，不会用推断消除遗憾的情绪，因为自然的情绪是通往良心的入口。能量和动力的最大源泉之一就是对他人的同情，这能唤醒你服务于人和有所成就的真实欲望。

反抗你的反抗，让自己真正地自由

有时候，当有人真的惹恼我们时，我们会想反抗对方。通常，当一些有权势的人想控制我们时，我们会通过反抗那些人要求我们做的事情来寻找自由的感受。我们之所以拒绝做某事，不是因为我们不想去做，而是因为某个特定的人想让我们去做；我们之所以去做，并非我们真的想去做，而是因为我们想反抗，这其实也并非我们真实想要的。

如果我们被某人惹恼了，而这个人又不想让我们做某事，那么我们就会以反抗的态度去做这件事。也许我们会从做相反的事情中获得巨大的满足，但是也因此消耗自身的力量。我们认为自己是在"向他展示"，但我们所展示的仍然是那个人控制的结果。只要我们不是去做自己想要做的事情，我们就是失败的那一方。

一切力量都来自做你想做的事情。当我们因为某人的不礼貌而改变自己时，我们就失败了。我们一定要做出一些与那个人所想的完全相反的事，我们自认为这证明自己是自由的，实际上我们仍然被那个人控制着。

我记得有一个人，他很憎恨他的父亲。因为他父亲说他永远

|第12章| 尊重你所有的欲望

也成不了大事，于是他开始反抗他的父亲，想证明父亲是错的。他最终成了百万富翁，因为他有着强烈的欲望和激情。他那强烈的反抗给了他力量去创建和吸引成功，但不幸的是，他的心扉关闭了，他无法享受这些金钱带给他的富足感。

有时候我们想做某事，仅仅是为了反抗某人或者证明某人的想法是错的。让一个我们甚至都不爱的人如此严重地影响我们的行为，实在是太浪费时间和精力了，实际上这种倾向在我们的社会里十分普遍。比如，很多人把太多的精力浪费在诉讼上，尽管有时候个别诉讼是有效的，但有很多都是无关紧要的。与其把金钱、时间、精力和注意力浪费在诉讼上，不如暂时放下，继续前行，去创建我们想要的。诉讼只是在我们断定自己无法拿回曾经拥有的却又非常想要的事物时，通过他人给予我们反抗力量的一种方法。

当某个人惹恼我，我想要反抗，想要做某件我不是真的想做的事情时，我会抵抗自己的这种反抗冲动。也就是说，我会反抗我的反抗。我会对自己说："这真的是我想花时间来做的事情吗？如果那个人有礼貌地与我打交道，我会是什么感觉？到时我该如何回应呢？"

向你的屈服投降，接受不能改变的事

有时候我们感到失望，并不是默认发生的结果，而是让步和屈服。我们会停止相信自己，放弃欲望。投降和屈服之间有一种细微的差别。当我们投降时，我们是在放弃自己对事实的反抗；我们拥抱我们所拥有的，接受我们无法改变的，并不意味着我们停止了争取我们想要的。

觉醒的人生：心想事成的秘密

> 投降是放弃自己对事实的反抗。

当我们投降时，我们只是在进行一种调节，因为我们不知道要多久才能获得我们想要的事物。投降让我们从要求所需的事物的处境中摆脱出来。投降可以培育耐心，却不会削弱坚持和力量。

在疗愈过去的过程中，我们也许要接受父母将永远不会像我们想要的那样爱我们的事实，但也没必要停止我们想得到纯洁的、无条件的爱的想法。投降的感受解放了我们，让我们敞开胸怀用各种不同的方式接受想要的。毕竟，只要我们得到了，哪里还会在乎究竟是谁给予我们所需要的事物呢？然后，我们就可以回到真实自我，感受到真实的欲望。

在我们接受世界的回馈后，有时候通过投降会发现我们的需求是不现实的，我们需要进行调节。调节并不意味着停止追求想要的。相反，我们要接受自己所拥有的，只是需要再认真思考一下，我们真正想要的是什么，以及怎样才能得到它。

这段祈祷词恰如其分地阐述了这种区别：

万能外在世界，请赐给我一颗平静的心，去接受我不能改变的事；

请赐给我勇气，去改变我能改变的事；

请赐给我智慧，让我分辨出两者的不同。

避免你的逃避，给自己巨大的创造力

我们一旦认识到逃避是徒劳的，就会停止那些企图逃避的行为。很多时候，我们认为那是我们想要的，但它们其实恰恰与我们真正想要的相反。当我们的欲望互相对立时，也会互相抵消，

第 12 章 尊重你所有的欲望

从而让我们失去创造和吸引的力量。

通常，当我们对获得需要的和想要的事物感到无助时，我们就会用第二需要来取代真正的需要。例如，当我需要完成一本书的写作时，有时候会突然不想写了，而后我惊讶地发现，自己竟然能够找到很多事做。我开始想：清洁我的小房间，读传真件、记账、购物，或者做任何能够让我避开写作的事情。但这些"我想"去做的事情，并不是我真正想做的，而是被替换的欲望。

很多时候，当我们认为或者感到自己想做某件事的时候，我们实际上是在避免做真正想做的事情。通常，我们担心失败，所以把事情推掉。如果我们没有弄清楚自己真正想要的，就会无法驾驭内在的力量。我们可能会花掉一生中的大部分时间朝着错误的方向行走，而一旦我们做一些调整，朝正确的方向走几步，一切问题就会开始得到解决。而正确的方向，就是我们真正想要走的那个方向。

我们寻找伴侣，通常是在寻求回避自己的孤独情绪；有时候我们渴望成功，是在逃避失败和那些仍然需要弥补的缺陷；有时候我们感到疲倦或者想打个盹儿，是在逃避对某事的责任；很多时候，我们想要得到更多的欲望，可能是企图避开内在情绪。在这种情况下，我们创建想要的事物的力量就更小了。

无论何时，只要我们的欲望在寻求逃避，那就不是纯正的、强烈的和积极的。人们会感到当下的工作有压力，梦想着另外一份工作。他们真正想要的，是工作时能够开心，有一份喜欢的并感到有挑战性的工作，每天能够做一些有意义的事情。离开这些明确的目标，人们就失去了力量。当我们逃离自身的问题时，问题就会在我们要去的地方等待我们。如果我们老是惦记着替换欲望，就会削弱自己的真实欲望，而真实欲望才能带给我们更大的力量。

当我们的意识欲望与真正想要的相一致时,灵魂的力量才会强烈地涌现出来。当我们寻求避开困局,而不是把注意力放在吸引真正想要的事物上时,我们就失去了满足灵魂欲望的机会。

当我们拖延时,很多精力会被浪费掉。有一种克服拖延的方法,那就是不断地想象我们正在做着拖延的事情,并想象我们终于抽出时间来做这件事时自己的感受:看到自己做得很容易并且毫不费劲;看到自己开始这项工作并完成它,我们会感到既舒服又开心。我们继续这样去做,就会发现自己真的开始做这件事了。一旦我们从感受不想要的事物转换到感受我们真正想要的事物,我们就会得到巨大的创造力。

防御你的辩解,保护自己学习成长的本能

有些人因为过度防御或为自己的立场辩解而断开了与自己真正想要的事物的联结。在发生争执之后,他们不是审视自己在问题中应负的责任并作出弥补,而是拒绝承认责任,直至其他人先道歉为止。由于他们根据自己是否得到了道歉,选择自己是否会为此感到遗憾、是否需要为此负起责任,所以他们断开了与自己想要向一切事情学习和成长的内在欲望的联结。他们执着于为自己的所作所为进行辩解,而没有真正感受遗憾或者懊悔。

犯错时,总是可以解释自己这样做的原因,好的理由总是有的,但错误仍然是错误。如果我们不承认自己的错误,就无法充分联结到我们内在的遗憾、后悔和懊悔。离开了这些情感,我们就几乎不可能去修正态度和行为,就会失去与自己要学习和成长的本能欲望的联结。认识到你的防御倾向以及它们对你的伤害,你就可以适当地保护自己免受防御的伤害。

第 12 章 尊重你所有的欲望

比如说，在某个星期一，我热情地拍拍你的手臂，那是一个友好的动作。然后，我在这个星期五再次遇到了你，并没有意识到当时你的手臂受了伤，我热情地向你打招呼，在你的手臂上拍了一下，就拍在我上次所拍的那个部位。这次伤到你了，你疼得大声叫起来。

现在的问题是，"我是否犯了错？"防御心非常强的人会说没有，这真让我感到吃惊。他们为自己的行为辩解，否认他们犯了错。他们通常使用以下说法：

"如果我做错了什么，对不起。"

"如果我伤害你了，对不起。"

"我并不知道你的手臂受伤了。"

"我怎么可能会知道呢？"

"你应该让我知道你受伤了。"

"不是我的过错，谁都有可能会这样做。"

"我只不过是想表示友好。"

"嘿，在朋友的手臂上拍一下没有什么错。"

"哦，我真的很遗憾你受伤了，但我怎么可能会知道呢？"

以上说法，每一种都限制了我们的自我修正能力。这充分说明了头脑是怎样通过否认内在的后悔情绪，阻止我们去感受内在想要修正我们的行为，以及从错误中吸取教训的欲望。这些防御倾向之所以会出现，是因为我们自己犯了错，害怕受到惩罚。所有的成功都取决于自我修正——不再重复那些行不通的行为或态度。

让我们来对部分这类辩解和防御作深层探讨。说出"如果我做错了什么，对不起"的人，似乎是要承担该错误责任的，实际上却不是。如果要承担责任，那就应该这样说，"对不起，我错了",而不是"如果我做错了,对不起"。同样,"如果我伤害你了,对不起"的说法,完全不顾及自己刚刚伤害了某人以及要做些事情来弥补的现实需要。

当我们承认自己犯了错误时,我们的心灵欲望总是要找到一种适当的方法去弥补。我们想安慰那个人或者以某种方式给予补偿。弥补是一种与内在善良情感的重要联结,它激励我们去做善事和有益的事。

当我们感受到"嗯,我并不知道那是一个伤口",并给出其他理由的时候,我们不仅否认了本能的懊悔和遗憾,还压制了想要做得更体贴的欲望。我们认识到犯了一个错误,就一定会得到教训。当我们以不了解情况为由为自己开脱,我们就是在告诉自己没有犯错,而实际上我们犯错了。我们需要原谅自己,相信别人也会原谅我们,而不是为自己找借口。

拒绝你的拒绝,获得你想要的财富

孩子被剥夺碰触的权力,通常会在此后的人生中因为被碰触而感到不舒服。如果我们在成长期被剥夺了某种重要的需要,我们不会感受到被剥夺的巨大痛苦,而会停止感受我们的需要。然后,如果在此后的人生中有人想将这种需要给予我们,我们会拒绝。在我们否认自己的内在需要之后,我们的内心仍然不断地将所需的爱和支持吸引人生之中,然而我们的头脑会不断地拒绝这些爱和支持。人们向我们提供了支持,我们却不感兴趣。

要打破这种拒绝真正想要和需要的事物的倾向,我们就必须请一位自己信任的人,给予我们需要的但又会令我们接受起来感到不舒服的事物。在他们温和有礼的坚持下,我们允许自己去抵抗、探索和处理所有产生的情绪。当我们能够体验和释

第 12 章　尊重你所有的欲望

放那些跟拒绝相关的消极情绪时，我们就会开始感激地接受自己所需要的事物。然后这种感激就会变为磁铁，把更多的事物吸引过来。

拒绝你需要的事物的征兆之一，是形成一种新的相反的欲望。如果你拒绝所需的爱，也许需要相反的事物，你会让那些无法给予你爱的人给你所需要的爱。即使你最终成功了，你也会拒绝，毕竟那并非你真正需要的。

一些人拥有我们需要的事物，我们却拒绝了他们的爱。与此同时，一些人没有我们需要的事物，我们却得到了他们的爱，或者与他们一起工作。由于我们拒绝了自己真正需要的事物，也就为自己吸引或者创建反映童年时期悬而未决问题的情境。

当我们感到被剥夺了一种需要，看到其他人获得了我们所需的事物时，我们就会感到忌妒。忌妒是一种把我们带回到过去，以感受自己真实需求的重要情感。我们通常会对那些拥有相近于我们真正想要的事物的人感到忌妒。如果感受不到而且又不能释放忌妒情绪，我们将会在人生中拒绝自己应得的事物。

很多人会忌妒那些富有的人。有时候忌妒不是一种坏迹象，这是因为真的想要富有，是你内在的一部分隐藏的欲望。让自己感受到这种忌妒，并感受到自己的欲望，你就增加了获取想要的事物的力量。除非你感受到了自己最诚实的欲望，否则你就不可能创建自己真正想要的富有。

有一次，我买了一辆很漂亮的车，有人在停车场看到这辆车，就用钥匙把车身刮花了。在我看来，那个人不仅仅拒绝了这辆车，还拒绝了车主，也就是拒绝了我。同时，他也拒绝了自己希望富有的内在欲望。

当我们拒绝某些代表着自己真正想要的事物或外在富有，我们也许会说出诸如此类的话："谁想要那种东西呢？也许他们很悲惨呢，他们的孩子们都憎恨他们。谁需要那么多的金钱呢？"相反，如果我们要释放忌妒，我们就会敞开心扉这样说："我应该这样，就算是他们不开心，那又怎么样？我想要它，也想要开心。"

无论何时，只要你感到忌妒了，你就说："我也应该这样。"在为别人的成功感到高兴的同时，也希望自己能够获得这种成功，这是你正在前往获取想要的事物途中的积极迹象。

克制你的克制，不让它阻止你的前进

爱和被爱的真实欲望相联结的障碍之一，就是克制爱。通常，当别人伤害我们时，我们的第一反应就是去克制我们的爱。我们的动机不是惩罚自己，就是保护自己免遭再次伤害。这两种做法，都会让我们受苦。我们能够体验的最大痛苦，就是克制心灵中感受爱的需要。当我们克制自己的爱时，我们就是在压制和否认心灵欲望，就会与真实自我断开联结，无法茁壮成长。这种情况会持续到我们学会原谅、学会接纳，直到能给予别人爱为止。

如果被某人伤害，我们自然需要作出一些调节，以避免再次受到伤害。但我们没必要为了保护自己而停止给予爱，爱一个人并不意味着我们要取悦所爱的人，或者做他想要做的事情。爱一个人，意味着我们的心扉向所爱之人敞开，我们可以看到他内在的善良，而且希望他好。

如果爱让你为所爱之人牺牲自己，或者允许所爱之人再次伤害你，那么克制你的爱似乎是一个好主意，实际上却不是。你需要意识到自己是否存在克制倾向，然后把它释放，而释放这种倾向的最好方法，就是把它发泄出来。

为了发泄，请将你对那个人或者情境的感受全部写出来。每

第 12 章　尊重你所有的欲望

写完一句话，你就写上："我不想再爱你了。"你每次这样做的时候，都会认识到唯一能够伤害自己的人，就是你自己。有些人在做这种练习的时候，担心自己会过于把注意力放在消极因素方面。其实，这样做 10 分钟总要好于克制 10 年。

把感受写出来，你就会重新认识自己终究想让别人开心，自己的确想原谅或和解，至少是希望所爱之人好。有时候，和解是不可能的或者不实际的，因为这在某个不愿意与你和解的人身上需要花费更多的精力。至少，你可以原谅他，并祝愿他有一个美好的人生。

回应你的回应，不作消极反应

有时候，我们愿意为某人做某件事，但他向我们提出请求或要求时的态度成为事情的拐点，我们"重新行动"并改变了我们的初衷。我们会理直气壮地认为："如果他更加客气一点，我也许会同意的。"尽管我们站在这个角度有这样的感受是对的，却是有局限的，这会令我们更加痛苦。

如果我们不假思索地对别人的要求给予反应，我们就是在让其他人来确定我们愿意做什么。慷慨是我们的欲望之一。如果我们真的愿意给某人提供方便和帮助，就不能让那个人的言行阻止我们做真实自我的需求。

当我开始举办研修班的时候，有人抱怨我讲得太多了，而另外一些人则抱怨我讲得还不够。我当时的内在反应是反驳他们。我会本能地想："如果你不喜欢我，那么我也不喜欢你。如果你不想听我的讲座，那么我就再也不举办了。"幸运的是，那时我能够认识到自己的反应，而且没有按这些想法行事。

我见到过很多真诚的人，他们努力帮助这个世界，尽力做好

觉醒的人生：心想事成的秘密

工作，却被批评搞得精疲力竭。他们不再想给予他人帮助，因为他们的努力并没有得到欣赏，这致使他们渐渐失去了力量。为了变得强大，我们就必须战胜这些挑战，不让它们阻止我们去感受，更不能让它们阻止我们去做真正想做的事情。

为了将反应转变为回应，我这样想："如果他们更有礼貌地要求，我会怎么办呢？"然后，我就释然了。为了保住力量，你不要让其他人的不礼貌或不尊重把自己拉低到他们的层次。你不必配合他们的能量，用自己的方式将他们的消极能量送回去，就能保持住风度、权力和地位。你不用直接回击他们的行为，就能够保持真实自我。你不仅仅作出了反应，而且选择了你想采用的方式来对待他们。我们总是想要爱、尊重、同情，但也想要强大。

当有人对我们发火的时候，我们会下意识地反击，也对他们发火。我们配合了这种情绪并将其送了回去，是因为我们陷入消极情绪中，无法找到出路。当你将怒火送回去时，其他人就会再次用怒火和消极情绪反击你。这样来来回回，永无休止。

你如果想要人生有所成就，就得停止那些没完没了的来回对抗。如果有人伤害了你，你就想伤害回去，这会让那个人和其他人再次伤害你，并促使你作出更多的反应。

很多人被"以牙还牙"的一句古话误导了，认为这才是公平的——你伤害了我，就理应受到伤害。其实，对公平的更好的解释是："你伤害了我，所以我就应该得到更多。而且我拥有力量去吸引更多。"这种态度表达了你对自己吸引想要的事物的能量的信任，而不是让你随意伤害和报复其他人。我们的灵魂欲望是绝不会伤害别人的。

人们很容易被本能反应纠缠，这也是人们陷入消极情绪和争吵的原因。当某人对你表达他的不满时，如果你将注意力放在对

第12章 尊重你所有的欲望

这个人的不满上,这种做法会阻止你找到解决问题的智慧。

大多数时候,我们在体验消极情绪时,最好把它们控制在自己体内。要意识到它们,从它们那里吸取教训,并通过一种积极的欲望将它们释放,然后采取行动与那个积极的欲望进行沟通。哪怕聆听者不是我们要责备、攻击或者谴责的人,有时候也可以跟他分享我们的消极情绪。

如果要跟某人沟通一个问题,以求找到一种可行的解决办法,你应该花一些时间先感受和释放消极情绪。一些人读到这里时会说:"这是不可能的。"嗯,或许一开始这是不可能的,直至你学会怎样去感受和释放。当你开始拥抱你的消极情绪时,消极情绪就会快速地失去控制你的力量。

不做爱的牺牲,允许自己不完美

我们很爱一个人的时候,会很高兴地为那个人作出牺牲,用这种方法来表示我们的爱让对方感觉很好。但是,作出牺牲只是在我们的爱池全是满池时的一种爱的行为。如果爱池不满,我们根本没有理由以爱的名义作出牺牲。

由于牺牲是与爱相连的,很多有爱心的人会一直牺牲自己的需要,直至一无所有,甚至病倒。他们太习惯于让他人快乐并愿意为他人付出,甚至都忘了自己想要什么。当被人问及想要什么的时候,他们甚至会认为他们想要的就是让别人快乐。

让别人快乐是好的,但它只不过是你想要的一部分。要找到你的其他欲望,就要花时间反复询问自己想要什么才能够快乐。如果你是一位过度给予者,与你想要的事物联结的方法之一就是假装你很自私,并允许自己暂时生气,向他人提出一些要求。把你感到生气的事情列成一份清单,与气愤、挫败以及忌妒联结,这会让你更加清醒地意识到自己想要什么。

获得你想要的一切

认识到断开我们与自己的真实欲望联结的不同因素，你可以做出一些必要的调节，从而感受你想要的事物。充分感受到你的积极欲望之后，你就可以吸引和创建你想要的一切。外在成功的基础是积极明确的意图。当你充满激情地想要它的时候，当你相信你能够获得它的时候，当你将所有注意力都放在它上面的时候，你就会找到力量让你的梦想成真，过上你想要的生活。

第13章
移除阻碍你成长的12种障碍

> 人生永远有挑战,而我们迎接这些挑战的能力会不断增强。

当我们得不到自己需要的事物,或者没有与自己的真实欲望相联结的时候,我们就会受阻。这时我们必须先认识自己的障碍,再利用各种工具和释放方法指出获得需要的事物的道路。仅仅感受到我们的情绪,以及找出我们想要的事物,是不够的。

当体验到个人成功的任何障碍时,无论我们对它的感受有多强烈,它都不会离开。感受障碍只能让障碍更强大。这里有12种障碍:责备、沮丧、焦虑、冷淡、挑剔、犹豫、拖延、完美、怨恨、自怜、困惑和内疚。要移除这些障碍,必须采用不同的方法。

感受障碍不同于感受消极情绪。纯粹的消极情绪主要有12种:生气、伤心、害怕、遗憾、气馁、失望、担心、尴尬、忌妒、受伤、恐惧和羞愧。其他的情绪都源于这12种基本情绪。只要感受到这些消极情绪中的任意几种,我们就可以回到真实自我。与感受到这些情绪不同的是,感受到障碍会使我们一直受阻,受阻的主要原因在于我们没有完全感受和释放自己的消极情绪。

觉醒的人生：心想事成的秘密

> 尽管感受消极情绪是可行的，却无助于移除由此产生的相应障碍。

想要移除任何一种障碍，仅仅感受到它是不够的。例如，无所事事又感到被人责备会让你像一个受害者，无力去获得自己需要的事物。或者，当你陷入沮丧之中，只会证明自己是不会快乐的。这是因为你感受到障碍，根本无法将你带回到真实自我。

清楚地认识到责任以及我们可以做些什么，积极地承认障碍、移除障碍，并用一种能够将我们带回到真实自我的方法转移我们的注意力。

纯粹的消极情绪无法帮助我们找到恢复平衡的途径，因为我们正在离开真实自我。障碍不同于消极情绪，知道了这种差别，才能创造出一个全然不同的世界。

不理解这种差别会对自己的情绪产生错误的认知。人们感受到了障碍，而且情况变得更糟，这促使很多人害怕审视自己的情绪，或者看不到那样做的价值。

> 不理解障碍和情绪之间的差别，会对自己的情绪产生错误的认知。

消极情绪可以让我们知道自己何时偏离了平衡，帮助我们想起真正想要的事物，并把我们带回正轨。在我们恢复平衡并与真实自我联结后，消极情绪就会消失，留下的是积极情绪。消极情绪让我们知道何时偏离平衡，而障碍让我们知道自己已经跌倒了。

我们一旦跌倒，就得站起来重新开始前行。承认障碍的价值

第 13 章 移除阻碍你成长的 12 种障碍

在于认识到我们已经跌倒，如果我们要站立起来，就需要做一些事情。

> 感受到障碍时，我们会变得更加受困。

意识到我们的障碍，有助于我们知道自己受阻，如果我们知道往哪里前进，障碍也能为我们指出正确的方向。运用新观点加上练习，你可以立即移除障碍，并由此觉得自己更有爱心、快乐、自信和平静。大多数人会有一到两种大的障碍，实际上每个人都会有自己预料不到的障碍。有时候，在移除了一种障碍之后，你会发现还有一种障碍。

让我们分别对 12 种障碍，以及释放它们的观点作一些探讨。我们在情感上放弃一种障碍之前，必须先在理智上理解它。本章将对每一种障碍进行解释。

移除障碍 1：释放责备，保留自己的爱

当你因为缺少快乐而责备他人的时候，你就放弃了自我疗愈烦恼的能力。责备会阻止你去承担自我人生中的责任，并且让你丧失这种能力。只要有他人对你的感受负责，你改变自己人生的力量往往越来越弱，你对自己以及周围世界的信任也会越来越少。

> 当你抓住责备不放的时候，你就会丧失改变自己人生的力量。

责备并没有错，我们需要用责备确定痛苦的外在原因，认清想要的事物，只有这样我们才会清楚自己该做些什么。我们确定了

造成我们痛苦的对象和原因，就能释放责备。如果我们坚持认为是"你"让我有这样的感受，就无法在自己的内心找到治愈或者释放痛苦的力量。

如果是你弄伤我的手臂，我责备你是恰当的。即使你打了我，给我造成了淤伤，我也不能坚持要你负责。尽管我能认识到是你弄伤了我，但我有力量修正这个错误，有力量治愈这个淤伤，有力量将事情变得更好。

> 只要依赖他人，我们就无力自我康复。

如果你偷了我的钱，而且让我的生意受到了损失，责备有助于我认清所发生的事情，让我不会置身事外，但是我得自己想办法修正这个错误，并且防止这样的事情再次发生。如果我没有成功而继续责备你，这其实是我把失败的局面归因于你。这种局限的信念阻止了我更好地创建未来。只要我抓住责备不放，就无法完全与自己把握命运的能力联结，这意味着我已经把自己的命运交由他人负责。

当我们处于责备的心态中，我们很难认清事实。如果我们摆脱了责备的心态，那就很容易理解所发生的事实。请想象你已经获得了全面的个人成功，你完全相信自己需要的一切总是可以获得的，而且你充分认识到自己已经获得了这种能力。你从经验中知道了自己想的是什么、相信的是什么，你就能得到什么。你相信自己已经处于获得想要的事物的过程中。你知道了成功90%来自做真实自我，以及强烈地希望得到你想要的事物。有了这种个人成功的积极态度，你就没有理由也没有必要坚持责备别人。

让我们来看一个例子。如果你一年赚10万美元，而别人偷

第 13 章 移除阻碍你成长的 12 种障碍

了你 5 美元，你是不会浪费精力对此责备不休的，也不会去追赶对方，或者想方设法地去惩罚对方。你很容易就会放手不管，说："那又怎样呢？谁在乎呢？我要把注意力放在更加重要的事情上。"

如果你只有 5 美元，全部被偷，你难免会陷入无休止的责备中，因为那个人取走了你的一切。你会陷入错误的信念里，那个拿走你钱的人应该对你的不幸负责任。同理，当你陷入责备之中时，你就会忘记自己的价值以及你获得想要的事物的能力。因为你相信了自己的价值是 5 美元，而不是 10 万美元。当一个人偷走或者骗走你 5 美元的时候，你当然要感到愤怒，并释放你的消极情绪，但是紧抓住责备不放就不是健康的表现，你得继续前行，并祝福那个人好运。

原谅，就是在这个世界里放弃让他人为我们的困境负责任的倾向。只要我们将自己的不成功归咎于某个人或者某种环境，我们就限制了自己创造成功的能力。无论何时，只要你向他人伸出责备的手指，就会有 3 根手指指向自己。这 3 根指回来的手指是在提醒你：你有力量把事情再次做好。通过原谅，你可以再次获取自己需要的和想要的事物。

人们觉得没有能力获得需要的事物时，就会陷入责备之中。他们会觉得："如果我原谅你，你将会再次这样对我。"他们害怕原谅让他们丧失力量。这种力量，是摆布或惩罚人的力量，是一种虚假力量。它取决于别人，并非取决于我们自己。当你体验到不断增加的创造力时，你就可以更快地原谅了。

 你的原谅会使你的创造力得到增长。

一些人受伤后，想进行惩罚或者报复。正如我们探讨过的那

样，这绝不是一种真正的欲望，它只能让我们远离创造力。报复，唯一伤害到的那个人就是你自己。

释放责备和达成谅解，并不意味着你要用同样方式去对待那个人。如果有人伤害了你，原谅就意味着释放伤害，而不是报复伤害他人，使自己再受一次伤。爱一个人，并不意味着应该以任何方式让这个人再次伤害我们，将来是否要与这个人相处或者共事，我们必须从实际出发作出决定。

> 达到谅解，并不意味着你要用同样方式来对待那个人。

有些情况下，你原谅一个人后，还想继续与这个人保持联系或者做生意。但在另一些情况下，你会明智地避开这个人。如果这种避开是以敞开的心态并采取智慧方式进行的，那么你就达成了原谅。在大多数情况下，当你感到伤心并选择不显露出来的时候，最好是冷静下来，放弃责备；当你再次感受到爱时，再重新评价你和这个人的关系。

杰里和杰克是多年的好朋友。有一次，杰里犯了一个大错，他透露了杰克的一些隐私给别人，这让杰克受到了严重的精神伤害。杰克的第一反应是要结束他们的友谊。杰克记起了他们曾经的爱和友谊。他便释放了因这件事带来的情绪，从而选择了原谅，而原谅让他的内心再一次感受到爱。

原谅的态度能够让你开动脑筋、敞开心扉，更好地理解发生的事实，所有的人都会犯错，但他们仍然是值得爱的。一个人做出了令人无法接受的行为，并不意味着他不值得爱。当你选择原谅时，你就保留了自己的爱，或者改变了惩罚的倾向。原谅让你

|第 13 章| 移除阻碍你成长的 12 种障碍

回归慈爱本性，但也提醒了你将来该选择何种方式与这个人相处。原谅不会以任何方式迫使你承担为那个人做任何事情的义务，那个人也没有义务为你做任何事情。

释放责备的方法之一就是要记住：无论何时，你没有获得你需要的事物，都是因为你看错了方向。如果你责备你的伴侣，那么就要作出转换，注满另一个爱池，把注意力放在从其他地方获得需要上，你就能够恢复到慈爱的自我，从而原谅伴侣。当你获得了需要的事物并注满爱池的时候，释放责备几乎就成了自动完成的事情。

与责备相关的一种消极信念是："因为发生了这种事情，所以我无法获得我需要的或者我想要的事物。"认识到事实并非如此之后，我们就可以释放责备，原谅他人以及我们自己的错误。不要认为是过去阻止了我们，而要认识到我们的过去可以帮助我们更加清晰地找到道路，并通过原谅增强我们爱的能力。

移除障碍 2：释放沮丧，找到正确的方向

如果你断开与认识、感激的联结，你会变得沮丧。当你的心扉没有对所接触到的事物敞开时，你就无法期望一个辉煌的未来。有了沮丧，你就会丧失感受真正想要的事物的能力，并失去吸引想要的事物的能力。

女性沮丧的主要原因是感到孤单。当一位女性感到无法得到她需要的事物时，她就会变得越来越沮丧。如果她的其他爱池也空了，她将会因为无法让自己的其他需要得到满足而感到沮丧。沮丧的一个主要征兆就是有空虚和无能为力的感受。只要将注意力转移到另一个爱池上，就会获得自己需要的事物，沮丧感也就随之消失。对大多数女性来说，修习冥想有利于消除沮丧。

觉醒的人生：心想事成的秘密

男性沮丧的主要原因是感到没人需要他。当一位男性失业，或者在单位中、在婚姻中感到不受重视时，他就会变得沮丧。他将会体验到自己能量水平直线下降，会觉得人生平淡无奇。一些男性因为断开了与感受自我的联结，甚至不知道自己为什么会感到沮丧。沮丧的一个关键征兆是缺乏积极性，或者觉得无论自己做了什么，情况都不会有任何变化。

我们要克服沮丧，就要朝另一个方向看，获得我们需要的事物或者有所成就。我们所做的之所以行不通，是因为我们朝错误的方向寻找爱、支持、成功或者快乐。当自我的另一个需要得到满足时，我们才会解脱。我们受阻的原因是拒绝了自己最需要的事物。

如果你因为在婚姻中感到孤单而沮丧，那么，请到别处寻找爱。只有一个人能够让你幸福，是一种狭隘的信念，千万不要陷入其中。当然，这并不意味着要你一定离开你的伴侣，而是要你到另外一个爱池寻找支持。

如果你因为生意上的目标没有达成而感到沮丧，那么，你必须认识到其实有很多种方法能最终达到目标。认为只有一种方法能够得到想要的事物，通常会让自己变得沮丧。换个方向总是会有很多种选择的，找到一个可以加注的爱池，在得到需要的事物之后，你就可以回到真实自我，从而充满自信和智慧地去找到另一条你能够获得想要的事物的途径。

与沮丧相关联的消极信念是，你得不到需要的爱和支持。通过了解8个爱池，你就有更多的选择，以找到需要的事物。我的观点是，无论何时你觉得自己无法获得需要的事物，都是因为你看错了方向。战胜沮丧的关键是，明白自己沮丧的原因是自己为获得所需要的某一种形式的爱，从而拒绝了其他机会。

第 13 章 移除阻碍你成长的 12 种障碍

比尔感到很沮丧，因为他对苏珊的相貌不是很满意，她根本就达不到他梦中情人的标准。两人开始交往的时候，他不是很在意，后来他感到越来越沮丧，认为自己永远也不会拥有梦想中的女人了。当比尔把注意力转移到爱池 S 后，他的沮丧感消失了。

他不再对婚姻感到沮丧，而是将注意力放在自己喜欢做的事情上。一段时间之后，他感觉好了些，恢复到能够再次爱他妻子的程度。当他爱自己的时候，他不再非要他妻子拥有特定的相貌才感到满足。

当感到沮丧的时候，我们总是期望人生应当呈现出某种样子，但人生恰恰不是这样的。依恋于一种形式，让我们无法体验获得需要的事物的快乐。当我们放弃依恋某种形式时，我们就可以自由地吸引自己需要和想要的事物。

> 沉迷于一种形式造成的沮丧，会让我们无法获得自己需要的事物。

放弃依恋的一种简单方法，就是你想象得到了需要的或想要的事物。然后，想象这会让你有什么样的感受，好好地品味那些感受，要认识到你真正想要的就是这种感受。然后，假设还有其他方式可以得到这种感受，这会让你开动脑筋，敞开心扉去吸引一切有可能的事物。

26 岁的卡罗尔前来咨询，她感到很沮丧。在给她作咨询指导的时候，我们使用在下一章中将会探讨的技能，取得了很大的进步，她感到好受多了。

新年的时候，她又回来咨询，因为她再次感到了沮丧。我问她在节日期间究竟发生了什么事情，她说自己感受到了愤怒。她的母亲竟然不邀请她回家一起过圣诞节。关键在于，她的母亲邀请了她姐姐，但没邀请她。

我问她在圣诞节做了些什么。她说她的姨妈露丝给她打了电话，邀请她过去一起庆祝，她们玩得非常开心，但她感觉受到更大的伤害，因为她自己的母亲不愿意也不曾这样对待她。

我指出她已经有了很大的进步。尽管母亲拒绝了她，但她已经治愈了自己的心伤，可以从另外一个源泉——姨妈那里接受同样的爱。对那个当下的认可，是卡罗尔一个很大的转变。她自己也认识到这一点。

她一生都在想方设法让母亲爱她，但她母亲就是无法做到。通过释放她的责备以及对母亲的爱的需要，卡罗尔吸引到了一位完美的母亲替代者，她不仅爱卡罗尔，而且非常深刻地理解卡罗尔成长期跟母亲在一起面临的挑战。

当卡罗尔认识到自己用另外一种形式获得了需要的事物时，她就能够再次释放沮丧。过去，在面对人生中的挑战时，卡罗尔的反应通常是感到沮丧。通过回忆这种直接体验获取自己需要的事物的能力，她就有更大的能量来面对挑战，而不需要感到沮丧。对她来说，个人成功就是一种体验过的现实。她现在认识到，当她向着沮丧方向移动时，她就没有为获得自己需要的事物找对方向。

移除障碍 3：释放焦虑，一切总会得到解决

当你与相信一切总会得到解决的天生能力断开联结时，你就会体验到焦虑。如果我们没有治愈过去某些事件带来的伤害，就会体验到焦虑。焦虑几乎总是与尚未得到解决的过去的痛苦有着直接的联系。大多数情况下，我们感到焦虑，就会阻止那些从我

第 13 章　移除阻碍你成长的 12 种障碍

们体内流过的有创造力的能量。有一天，那些让你感到不安或者焦虑的情况也可能会反过来让你感到激动、平静和自信。

有了焦虑，你不是丧失了享受人生的能力，就是选择逃避紧张与不适，生活在舒适区。如果你不尝试任何冒险，那么你就无法成长，你的人生就会平淡无奇，并否定自己想要更多的内在欲望，从而限制了自己的力量。另外，如果你因为焦虑而冒险，你就会遭受痛苦。你还有另外一种选择，那就是勇于冒险，让紧张的情绪冒出来，然后处理你的消极情绪。

> 有了焦虑，我们就丧失了冒险和享受人生的能力。

在我自己的人生中，我曾经对公开演讲有过很严重的焦虑。在我第一次为人们作主题为《通过冥想来拓展你全部的精神潜力》的演讲时，我双腿发抖，还晕倒了。但当我醒过来之后，我坚持完成了演讲。

在此后的多年里，我在演讲前都会感到焦虑和紧张，我开始考虑这也许是我不适合做的事情。恰逢此时我读到了一篇关于甲壳虫乐队约翰·列侬的访谈文章。他说，他之所以停止巡回演唱，是因为每次演出前他都会非常紧张不安，甚至会呕吐。即使专业技能过硬，非常有才华，有着丰富舞台经验的专业人士，在每次临场时都会紧张和焦虑，那这对我来说也算是正常的。约翰·列侬的体验让我释放了错误的信念：如果我感到紧张，那么我肯定一无是处。

焦虑是人们面对即将发生的事件的一种反应，根本不是一个人实际能力的体现。

此后，我演讲时仍然感觉到非常焦虑。这种情况一直持续了 16 年，直至我发现了处理我过去没有得到解决的情绪的办法——用 20 分钟处理我的情绪。学会处理过去的情绪之后，我就能够治愈过去的痛苦了。那个时候，我的焦虑有 95% 永远消失了。剩下的 5% 会在我做一件全新的事情且有很大压力的时候冒出来，然后很快就会消失。用 20 分钟来处理我的情绪，我就能够打开通道，去感受拥有巨大力量的喜悦。焦虑过后，就会有更深层的镇静，并伴随着百分之百的自信。

移除障碍 4：释放冷淡，感受灵魂的欲望

当你变得冷淡时，你就再也无法感受到灵魂欲望，这会让你断开与你知道什么是可行的、什么是你想要的这种天生能力的联结，不再相信你可以获得想要的，或者不在乎什么才是你真正想要的。当信任和关心受阻的时候，你会继续否认或者压制自己的真实欲望。

当你感到自己变得冷淡时，你会丧失自己改变环境以获得想要的事物的自然动机和力量。你的人生会失去意义和目的，而且丧失全部的爱。逐渐地，麻木感就会到来，你甚至不知道自己正在失去什么。由于无力去获得自己想要的事物，你会否认真实的感受和需求，无法获得得到想要的事物的直觉。

> 当你感到自己变得冷淡时，你就会丧失自己改变环境的自然动机和力量。

冷淡是感到无力去获取需要的事物的一种本能反应。当假设自己想要的事物无法得到时，通常男人的第一反应是关闭自己的

第 13 章 移除阻碍你成长的 12 种障碍

心扉，不再关心任何事。没有了激情，也就没有了力量和方向。为了避免痛苦，他陷入冷淡和漠然之中。由于他的心扉已经关闭，人生就变成了一系列的义务和责任。

> 男人感到冷淡的时候会关闭自己的心扉。

当女人相信她无法获得需要的事物时，她的第一反应是怀疑。她因为依靠他人或者环境而受到了伤害，当她不想再次受伤害时，她也会关闭心扉。为了保护自己，确保自我的安全，她无法增加对自己和他人的爱与同情。她变得冷淡、多疑和离群，并在不知不觉中关闭了接受所需要的事物的大门。

> 女人感到冷淡的时候会停止信任。

冷淡的最大问题是，导致我们没有认识到人生中还有其他更多的事物。在感到无力改变或者无力让它们变好的时候，我们就停了下来。我们为自己的行为和需求寻找恰当的理由，或者缺乏为需求找借口的能力。我们对自己说："尽管这不是我想要的，但它是我能够得到的，为什么要为这事儿烦恼呢？"这样就让我们对自己的真实感受和欲望置之不理。

即使在没有任何事可做的时候，你也可以处理对某种情况的感受，并且感到舒服些。你没有必要否认自己的需求和情绪。当人们不知道如何释放消极情绪时，他们就会相信，如果无法解决问题，就必须把这些情绪推开。他们不知道自己是可以处理这些情绪的。

不管事情变得多么糟糕，我们都可以处理消极情绪并回到更舒

觉醒的人生：心想事成的秘密

服的状态。即使外在情况无法改变，但我们内在仍然能感到舒服些。在我们释放消极情绪，并拥有想要的感受之后，外在环境总会变好。这是一个奇迹，它总是会发生。事情将会改变，朝着一个我们从未预期的方向发展，但这得在我们再次找到积极情绪之后。

> 释放冷淡之后，你至少会在外在世界里体验到一个小奇迹。

你最大的力量就是释放消极情绪和感受带有强烈欲望的积极情绪。随着小奇迹开始发生，你的信念会越来越坚定。在你觉得无力去获取需要和想要的事物时，你不是变得冷淡，而是会相信某种事物将会以某种方式发生，而且情况会比你想象的还要好。

> 随着自信心的增加，冷淡就会消失。

当你体验到冷淡的时候，这就是一种清晰和肯定的迹象，这说明在不远处有一个小奇迹正等待着发生。只要不屈服于冷淡，花时间来处理情绪并在冥想后设定意图，你会既开心又惊奇地发现：你可以获得的越来越多。

夫妻通常是因为感到冷淡而结束婚姻的。他们感到有太多的失望和误解，在一段时间之后只好放弃。这是因为在他们双方感到没有希望之后，原来分享爱的通道也随之受阻，他们的爱无法被彼此感受到。在这种情况下，与处理所有的障碍一样，第一步就是把注意力转到其他方面，注满另一个爱池。当两个人都感到舒服一些之后，可以再转回到婚姻关系上来，并把注意力放在释放责备方面。

|第 13 章| 移除阻碍你成长的 12 种障碍

一般来说，如果我们坚持责备自己的伴侣，我们会感到无力去获取需要的事物。通过处理与责备关联的消极情绪并达到谅解，我们会发现冷淡的冰块开始融化。在一段婚姻中，冷淡总是一个外在的迹象，这表示我们需要先去照看另一个爱池。

移除障碍 5：释放挑剔，学会欣赏他人

当你断开与欣赏他人和环境优点的能力的联结时，你会变得挑剔。找出他人和环境的缺点，似乎是作出积极改变的一种重要技能，可是起不到帮助自己改变的作用，因为这样做无法让你认识到环境的优点。当你受阻于挑剔的时候，你会为无法改变的情况感到苦恼，而且易怒，从而失去积极情绪。黑暗之中总有一线光明，只是你还未找到它而已。

我们不审视自己对事情的内在情绪时，会倾向于挑剔和拒绝其他人。为了处理与挑剔相关联的情绪，我们需要认识到其实是其他事情在烦扰我们。当我们对身边的那个人感到气愤的时候，实际上我们是在担心他，甚至是为其他事情而感到尴尬。

如果你担心自己的头发，你要意识到，那通常是一种被置换的情绪，也就是说你真正担心的是其他可能要发生的事情。如果你担心的是某个特定的投资或者生意决策，你也有可能是被其他的事情困扰，并开始挑剔自己的体重或者伴侣的体重。无论何时，当你把注意力集中在某件无法改变的事情上时，总是会有其他事情烦扰着你。

> 一天的不如意意味着有其他事情在烦扰着你。

当我们置换了我们的情绪时，我们就会倾向于抗拒无法改变

的环境。如果我们能够抛开挑剔或充满情绪的反应去审视更深层次的情绪，我们将会发现是其他事物正在烦扰着我们。通过审视这些情绪，我们就可以释放它们，并开始修正环境。

从镜子里看挑剔的自己

很多时候，我们挑剔他人，实际上是一种更深层次的挑剔自己。这如同我们在照镜子，却不喜欢我们所看到的自己。这种认识并不是立即就能弄清楚的，而是要经过练习。我曾经挑剔其他人的傲慢，憎恨那些完全自我膨胀的人。后来我发现，我之所以有这种感受，是因为我在内心深处担心其他人会把我看作一个傲慢的人，并且拒绝我。由于我不去面对这样的恐惧，所以我不允许自己以任何方式露出傲慢的形象。

我意识到自己的潜在情绪并对它们进行处理之后，发生了两件事。首先，我看到傲慢的人时不再感到心烦意乱。我认识到我的挑剔只会令我痛苦，这没有任何意义。我仍然可以不喜欢某个人，或者不同意某个人的观点，但我没必要克制爱和容忍。释放我的挑剔之后，我不再觉得应该批评他们，当然也不会觉得应该喜欢他们。

挑剔只会令我们痛苦

释放挑剔，你可以更加从容地承认自己的成功和能力。为了推销你自己，你得让人们知道你是谁，你能够做些什么。你得有自信展示自己，而不是摆出一种"我比你强"的态度。我们的态度应该是这样的："看看我所做过的一切，你可以信任我。"在释放对傲慢的挑剔之后，我可以用一种积极的态度看待这个世界。

在推销自己、展示自己的过程中，我犯过很多错误，有时候也会以傲慢的态度行事。不过我已经消除自己对傲慢人士的挑剔，我可以原谅自己，并对态度和行为做了一些必要的调节。

第13章 移除阻碍你成长的12种障碍

当我们受阻然后又决定解脱出来时，一定会犯错误。如果我们不爱自己，就无法从错误中吸取教训。我们不是为这些错误辩解，就是拒绝自己并放弃尝试。

如此一来，你清楚了坚持挑剔只会让自己受阻这个道理。傲慢与自尊的区别在一线之间。如果我们挑剔他人，我们的自尊就会被傲慢感染。跨越这条线是需要实践的，通过释放挑剔，我们就可以自由去体验、犯错、吸取教训，并重新站起来。

有的人会挑剔那些有钱人，甚至还会挑剔金钱本身。这两种态度都会阻止他们在自我的人生中接受金钱。敞开心扉和头脑去接受富足，去除挑剔是很重要的。意识到那些消极情绪、局限性的信念和挑剔，你就可以逐渐地释放它们。我们追求更多财富的困境，总是隐藏在对金钱的挑剔下，释放这种情绪，我们就可以想要更多，并得到更多。

在挑剔其他人的时候，我们就是在收回对他们的爱。我们之所以收回爱，是因为我们认为，如果我们变成那样就不再善良。审视自己对其他人的挑剔，我们就可以一窥那只锁住自己的盒子。大部分非常挑剔的人都是被锁在一个对或错的盒子里，无法放手去做他们能够做的事情。他们害怕犯错，因为害怕会被人挑剔。

如果你达不到某个标准，你会担心自己不值得爱，而挑剔只能增加你的这种恐惧。有一次，我在听音乐会发现，我对一些非常任性又有大量时间的人越来越挑剔，并感到越来越烦躁。当觉察到自己这么挑剔时，我就往自己的内心深处看，发现是我希望自己能够随心所欲地任性一下。

在整个音乐会期间，我针对这件事想了很多，但就是无法真正放开，并让自己随意。在花了一些时间处理情绪之后，我发现我早年感到任性和无拘无束是不安全的。我挑剔的一部分原因是害怕被挑剔、被嘲笑，甚至被惩罚。

我及时回想过去，去感受那时的恐惧，然后想象他人给予了我想要的和需要的支持。在注满了我的友谊和乐趣爱池之后，我就能够释放对那些狂欢的人的挑剔了。

这样做之后，我找到了很多安全的机会随意地表达自己。我任性和野性的一面得以显露出来，而我也不再挑剔了。有了这种体验，我的人生就少了很多严肃，娱乐也更多了。我更加自信，在任何场合都是如此。过去，我频频受阻于担心其他人的看法。现在，我可以随意地说："那又怎么样？谁在乎别人的看法？"当然，这并不意味着我根本不在乎别人，而是意味着我不能让别人的挑剔阻止我前进，或者让我感到自己很坏或很差。

放弃对他人的挑剔，我们就可以让自己得到解脱。我们在挑剔他人上浪费大量精力，因此断开了与心中的爱的联结。我们之所以挑剔他人，通常是因为他们没有像我们那样思考、感受或反应，这让我们变得不耐烦和失意，我们的爱和同情的能力被直接抛到了窗外。我们对他人的挑剔让我们远离了真实自我的耐心，这种断开会使我们受苦，然后我们会更加挑剔他人。

感到不满意的时候，我们也会挑剔他人的行为。尽管承认我们想要的事物以及我们认为是对的很重要，但将此强加在他人身上是不对的。人不可能全都一样。当人有不同的时候，并不能说他们是错的，或是他们比我们差。

> 对某个人来说是最好的事，并不意味着对所有人来说都是最好的。

当我们挑剔而不是设法获得需要的事物时，我们就会把差异

| 第 13 章 | 移除阻碍你成长的 12 种障碍

当作我们郁闷的原因。这让我们把注意力放在了挑剔差异上，仿佛自己的方法才是对的，而其他人的方法都是错的和不好的，这会让我们变得太过严肃和消极。

有些人随着年龄的增长会变得越来越放松，这真是令人惊讶，也是非常好的事情。他们穿越时光，发现了真实的自我，他们不再被他人的身份吓倒。你不用花一辈子的时间获得这种智慧，只要你学会用内在力量来获取需要的事物，你就能够放弃挑剔。

移除障碍 6：释放犹豫，找到坚持下去的力量

当你断开与从内在找到方向和坚持下去的力量的联结时，你就会受阻于犹豫，因而失去找到人生道路或者完全投身于某项任务之中的力量，失去与内在引导的联系并感到失落。你会变得过于依赖他人来作决定，甚至不知道自己想要什么。你的意志力太弱了，无法作出决定。

犹豫的主要原因是气馁和失望。我们面临人生中一些较为困难的挑战时，很难作出决定，也很难向前进，通常是因为我们没有成功面对或者处理好过去的一些挫折，这些过去的错误或者背叛仍让我们感到挥之不去的疼痛。如果我们作出一个决定，而结果又是消极的，那么，我们在将来作决定的时候自然就会有困难。

> 犹豫意味着我们对过去的错误或者背叛仍然有着挥之不去的疼痛。

如果我们信任他人，而他们却令我们失望，我们想要再次相信他人就很困难。如果我们过去相信自己，却由此引火烧身了，即使觉得某件事真的是对的，我们可能也会突然犹豫，并怀疑自己的决定。

　　这种倾向大大地阻碍了成功。无论何时，当我们觉得不能肯定时，我们就会退缩，无法作出决定。如果连我们自己都不能确定下来，他人也就很难依靠我们。为了避免失败，我们选择了退缩。

　　在某种程度上，我们情愿在人生中体验大量的失败，也不愿有从未尝试过的遗憾。阻止自己前行会让我们感到很不好受，所以我们还是会作出决定。这不是因为我们很肯定，而是因为我们需要有一个决定让自己做一些事情。我们不能肯定自己做的是对的，但我们可以肯定的是，如果我们做的事情是不对的，我们就会发现并更清楚地知道自己真正想做什么。

　　失败要比没有尝试过好。

　　就像喜剧演员，他们为了吸引观众，会提醒自己所有剧目都要经过排演才能登上舞台。在他们尝试之前，往往不知道从哪里入手，但在试过之后，才慢慢了解了自己哪里有欠缺，也才有可能有机会接到某个剧组打来的电话。在30多岁听到这种说法时，我内心有了很大的变化。我决定不在乎是否每个人都喜欢我，或者我该说什么，我随心而为，并从反馈中了解什么是可行的，什么是不可行的。

　　当我开始发展并传授"男人来自火星"的概念时，很多人对我不满。很多时候，我会怀疑自己，但我坚持住了，这让我有力量投入到我认为应该去做的工作之中。

　　多年过后，尽管人们从我宣讲的新概念中获益匪浅，但只有较少的人来听我的讲座。其他人则希望我教授以前教过的事物，

第13章 移除阻碍你成长的12种障碍

不要教授"男人来自火星"中的新概念。

为了克服气馁,我得更加坚定自己的信念。我逐渐知道,在别人相信我之前,我必须得相信自己。当我们受阻于犹豫时,我们就会变弱,别人就不会依靠我们或者完全相信我们。

> 在别人相信你之前,你必须要相信你自己。

正如我一直体验到"男人来自火星"中的方法能够拯救婚姻那样,现在这些概念终于被数以百万计的人接受。这充分说明坚持和信念是成功的基础,而诸如此类的故事多到说也说不完。

离开内在的引导,我根本就不可能坚持下来。当我为不知道怎么办而感到痛苦的时候,就会祈祷外在高级能量的帮助,情况往往会变得越来越清晰。

要在外在世界获得成功,是需要作出很多决定的。这些决定除了一部分很容易作出之外,大部分都是非常困难的。在这个过程中,我们首先要接受自己的错误,然后要认识到没有必要解决所有事情。在公司里,我每个星期都要作出很多决定。我处理它们的简单方法是先观察它们,接着考虑我想做什么,然后忘掉几天。不知不觉地,答案就出来了。

再次有问题时,就要学会放手,并且果断放手。即使是这样,也还是会有错误。如果你不作决定,不着手去做,就无法成长并接受教训。今天犯的错误,也许会在前进的路上找到解决方案。我们以为自己在任何时候都知道自己该做什么,这是愚蠢的。人生充满了惊奇。我们需要提出要求,然后看看几天后我们有什么感觉。

如果你完全不知道自己该做些什么,最好的办法就是不做任

觉醒的人生：心想事成的秘密

何事。与此同时，处理你所有的情绪也很重要。当你处理和释放难以作决定的压力后，答案就会渐渐清晰。知道自己该做什么，并不意味着你对结果有了绝对把握。有些人等到绝对有把握时才作决定，这是一个错误，这会让你极大地放慢速度。作出决定意味着你知道这个决定是你能想出来的最好的决定，你已经做好了准备应对由此带来的结果。

当我决定做一件事的时候，会非常小心。大多数情况下，当我说我愿意做某件事时，肯定是要去做的，这会增强我的力量。我写的那些书对其他人如此有帮助的一个原因，就是我说的话有力量。我书中的每一个字都是基于我个人的体验，所涉及的内容没有一项对我是没有帮助的，而且是持续地作用于我。

有一位女子去向甘地求助。她请甘地告诉她，她怎么才能让她的小儿子不要吃那么多糖。她认为糖会使他过度好动，这对他不好。甘地却告诉这位女子，他需要3个月的时间来准备一个的意见。

3个月后，这位女子带着她的儿子来了。甘地用很简单的话告诉她的儿子，吃太多糖对他的健康没有好处，如果他不再吃那么多糖，他就会更强壮，感觉也会更好。她的儿子同意了。

这位女子私下里问甘地，为什么他需要3个月的时间来准备这样一个简单的回应。甘地说，在这个建议具有力量之前，首先自己得体验它的功效，他通过3个月不吃糖的尝试，确认了不吃糖确实可以使人健康的功效，他才能让别人相信。最后，她的儿子确信自己也能够像甘地那样做得到，并有力量和信心坚持下去。

当你说到做到的时候，你的话就会更有力量。当你总能履行承诺的时候，你只需一开口，就有足够的力量令人信服。当你越接近最后期限，就越有力量在最后期限内完成任务。

当然，不遵守诺言并不意味着会使我们变弱，也并非是"满

第13章 移除阻碍你成长的12种障碍

盘皆输",只是表示我们没有增加相应的力量而已。所以,有时候我们可以作出另外一种尝试,不遵守承诺。

作出承诺后没有践行诺言,好过于根本不敢作出任何承诺。有些人之所以犹豫不决,不作承诺,是因为他们担心自己会令其他人失望。这通常源于过去无法令父母开心的体验,或者有过因犯错失去已经得到承诺的事物的经历。当你尽力遵守承诺时,你的内心就有机会成长。有时候,你无法到达你的目标。最好不断地尝试,并尽你最大的努力去完成。

> 作出承诺后没有践行诺言,好过根本不敢作任何承诺。

当你作了一个错误的决定时,你仍然可以处理你的情绪,并找回自我。通过处理你气馁和失望的情绪,你会获得力量。如果你保持中立,不想作出承诺或决定,你会与真实自我断开联结,这不仅无法让你获得力量,还会让你由此变得更弱。

在尝试遵守诺言的过程中,不要停滞不前,而要向前跳跃。如果实在做不到,中途可以作出改变。至少,当你朝着自认为正确的方向前进的时候,你已经联结到内在自我,并且你的内在自我是强大的、有持续力的、有定力的和有目的的。

移除障碍7:释放拖延,与自己的天赋进行联结

当你与天生能力断开联结,无法完成要做的事情时,你就会拖延。你不愿意马上着手去做,直至不得不做。你之所以推迟行动,是因为你认为自己没有做好准备。拖延会让你丧失挑战人生、战胜人生的能力。缺乏勇气的时候,拖延就会发生。

觉醒的人生：心想事成的秘密

勇气就像肌肉。除非你面对挑战并接受挑战，否则勇气是无法成长的。只有尽最大努力开始做事，你才会体验到有外在高级能量的帮助。这就是规则：那些外在世界的高级能量会帮助自助的人。如果你自己不行动，那些能够帮助你的能量也就无法流动起来。

当你将自己的创意付诸行动时，你的能量就会流动起来，你将会再次认识到你的创意。如果你不使用内在能量，你就无法认识它们，勇气是通过冒险得以增强的。当你拖延时，你不仅压制了自己的内在能量、天赋和才能，而且还备受煎熬。

人生痛苦的两个最大原因是没有爱心和不能做自己想做的事情。如果你不能奋力前进，做你心中想做的事情，你就会像拿着一把刀一次又一次地刺痛自己一样沮丧。企图避免的失败之痛，比认识不到自己的痛苦要小很多。

当我们担心某件事的时候，我们就会拖延。一般来说，这是因为我们觉得没有能力完成已经说出去要做的事情。不管是什么事情，我们似乎就是无法做到。为了突破这个障碍，我们需要认识到答案就在能否改变我们的情绪里。

通过转向内心探究内在情绪，你可以释放消极情绪并感受到你想要的事物。当你可以感受到内在激情时，拖延就会消失。通过摆脱你的头脑，依靠激情，你可以获得突破。有一句伟大的名言一定要记住："不要想，尽管去做就是了。现在就去。"当你对自己说出这句话的时候，就立刻行动吧。

另外一个对我大有裨益的方法，就是设定意图。每次冥想后，千万不要急着把自己往前推，而是要想象自己正做着想做的事情，想象已经拥有了安定的生活，并且事业有成。通过这个过程，你会体验到设定意图那令人惊讶的能力。几天之后，你就会意识到自己正在做着想要做的事情。

|第13章| 移除阻碍你成长的12种障碍

有些人推迟获取对他们来说很重要的事物的原因之一，是他们认为自己还没有做好准备。他们认为，如果准备好了就不会恐惧、担心和焦虑，其实这不是事实。无论你准备得多么好，你都会有恐惧产生。只有开始了，恐惧才会慢慢减少并逐渐消失。如果你等待恐惧消失后再行动，那么你将永远也不会开始。

移除障碍 8：释放完美，获取开心和满足

人生绝不可能完美，当你断开与这种天生认知的联结时，你会受阻于想要完美的欲望，这会让你对自己或其他人期望太多。你认为一切都必须是完美的，而一切从来都不是完美的。如果你总是期望完美，你就不会开心或满足。你太苛刻了，丧失了人生中的所有慈悲，对一切都要作测量和对比。当你认为任何事物都不够好时，你就无法自由地付出爱和接受爱。

> 当事情必须是完美时，你就无法休息并享受你所拥有的事物或者荣誉。

完美的需求是虚假的。完美的需求是从我们的童年时期就开始的，每一个孩子生来就带有取悦父母的积极欲望和憧憬。那时的我们，力求为父母做到完美，我们都犯了这样一个错误，那就是认为我们必须做到完美才能让父母高兴。

> 取悦他人的需要是积极的，但很容易会变得扭曲和消极。

当孩子无法成功地取悦父母的时候，取悦的需要就会变为完美的需要。作为孩子，在父母为他们感到高兴时，他们就会感到非常开心；他们一旦让父母失望了，就会感到非常失落和伤心。为了取悦父母，他们会尝试用否认自我的方式来调节和修正自己。他们越是要放弃真实自我去取悦父母，就越会感到自己必须做到完美。

　　作为孩子，他们一般会在麻烦别人的时候感到沮丧，他们不知道这是正常的情绪表达。孩子需要自由地感受和体验不同层次的情绪，然后才能慢慢地学会控制它们。如果父母对某种情绪不认同，那么孩子肯定会在某种程度上缺乏对这种情绪的感受。为了赢得父母的认同，孩子会努力压制自己的情绪。

　　作为孩子，他们会犯很多错误，并从中吸取教训，但他们常常得到这种信息：如果他们犯了错，就说明他们哪个地方有问题，这就使得他无法理解犯错误也是成长的一部分。当他们认为不能犯错误的时候，他们就已经走上了认定必须做到完美的路。

　　如果我们碰巧有某种天赋或才能，也可能导致完美主义。我们有才能，就会特别想要成为杰出的人。我们变得习惯于感受别人对我们做得这么好的特别称赞，就让我们更加难以冒险做那些不那么擅长的事情。

　　我们已经习惯于用做到最好的方式取悦父母，也就无法忍受自己不能把其他事情做到最好而让父母失望。除非经历了通过拼搏取得成就或者犯下错误这样一个过程，否则我们无法确认自己即使失败了仍然会被父母疼爱的重要体验。

　　　　孩子必须要有失败的体验，才会知道犯错是正常的。

第 13 章　移除阻碍你成长的 12 种障碍

感觉自己无法取悦父母，会导致孩子产生一种自己不够好的情绪，并长期存在。尽管完美主义者在他们的领域里是做得最好的，但他们很少觉得自己已经够好了。有时候，完美主义者并不爱他们创造出来的事物，甚至根本不喜欢他们的工作。

隐藏在自己不够好背后的情绪，决定了你表面的很多情绪和欲望。对自己说出的话做一次录音，或许能让你对此有一个清晰的认识。大多数人听了自己的声音之后，都会觉得非常尴尬，而且不喜欢这种声音，甚至有时候无法相信那是从自己口中发出的声音。

我们之所以有这么强烈的体验，是因为我们内心有种巨大的防御力量，以补偿我们童年时不够好的情绪。我们已经为自己建立了一种固定的形象，以对抗我们在不同阶段可能会接收到的消极信息。

听到自己的声音会把早期那些担心自己不够好和被拒绝的恐惧感带出来，这让我们感到尴尬。即使在其他人听来我们的声音很美，我们自己也还是很难接受。

如果我们的内心有潜伏的消极情绪，录音会立即把它们带出来。采用这种方法倾听自己，可以让你成为一个大的触发器，当情绪被带出来时，你就有了及时处理它们的机会。

大多数情况下，我们之所以寻找和要求完美，是因为我们缺乏与外在高级能量联结的能力。我们需要去注满我们的精神爱池，当我们内在感受不到人生的完美时，我们倾向于从外在世界中寻找那种完美。

外在世界永远是不完美的，但我们可以通过感受我们与外在世界一种高级力量的联结，使这种需求得到满足。我们与外在世界的这种高级能量联结得更紧密时，就不会觉得要更有前途、做更多的事情，或者能够拥有更多的事物，才能让自己获得内心满足。我们会珍惜自己目前已经拥有的，也可以感受自己能够更有前途，做更多的事情和拥有更多的事物的积极欲望，而不会要求自己做到事事完美。

> 想要更多是积极的，但期望完美是消极的。

内心寻找完美是在力求发现自己更多的潜能，这是健康的。尽管任何事情都不是完美的，但我们可以在完善或者改进所拥有的事物的过程中尝试完美。在我们审视内心，并吸入更大的力量之后，我们就可以感受到，尽管人生不完美，却正在完美地展现开来。

移除障碍9：释放怨恨，才能接受更多的爱

当你断开与给予爱和支持的能力的联结时，你就会怨恨。在大多数情况下，你会觉得自己付出的要多一些，却没有收到应得的回报。你之所以不付出爱，是因为有些已经发生的事情并不公平。用这种方式关闭心灵，你就丧失了创建自己想要的事物的能力，并断开了与爱和慷慨的情感联结。

> 有了怨恨，我们就无法自由地给出我们的爱。

我们不愿再付出爱的时候，就关闭了心扉，无法接受更多的爱。只有敞开心扉，才能接受更多的爱。有时候，我们是如此怨恨，根本就不给别人爱我们的机会，此时我们的心声是"你来得太迟了，现在任何事物都无法令我快乐了"。

我们倾向于带着怨恨把注意力放在没有得到的事物上，也就

| 第13章 | 移除阻碍你成长的12种障碍

因此失去了在其他方面给予和获取的机会。不给予原谅,你会继续活在过去之中。当你对自己的爱有太多条件时,你就中断了给予和获取的自然能量。尽管你是企图惩罚其他人,但实际上自己被惩罚了。你在心中建起了一堵墙,这也许能够留住你心中的爱,却无法让更多的爱流入。

> 有了怨恨,我们就会倾向于把注意力放在消极情绪上,从而失去了其他给予和获取的机会。

怨恨会阻止我们给予更多,让我们觉得自己好像没有任何事物可以给予了。然而,我们不给予,也就难以获得。解决这种困境的方法,就是把注意力放到另外一个爱池上。把注意力转移到加注另外一个爱池之后,我们就会发现自己又可以给予和获得爱了。

罗珊娜仍然怨恨前夫离开了她。她把自己最好的年华全都给了他,他却离她而去,与一个更年轻的女人结婚。尽管她觉得他们的婚姻缺乏爱和支持,但一想到他新婚的幸福情景,她就会心生怨恨。

为了安抚自己受伤的心,她把时间用在自己身上。她开始用维生素 S 来注满她的爱池,把注意力放在自己想做的事情上,不再老是惦记着他的事情。另外,她加入了一个单亲父母援助团,跟同龄人在一起,开始注满维生素 P2 爱池。然后,她又计划与几位朋友度假游玩。这样,她的维生素 F 爱池也被注满了。

她参加了一次邮轮旅游。一天,她病了,她的朋友来看望她的时候,她说自己没事,只是需要休息一下。可当她的朋友们全都出去游玩后,她突然感到孤独和受伤。就这样在一切似乎有转机时,她又一次体验到了挫折。

觉醒的人生：心想事成的秘密

通过写感受信，罗珊娜将她那受伤和受到剥夺的情绪联结到她与母亲的关系上。她是家中老大，童年时就要照顾5位弟弟和妹妹，甚至她会觉得，好像母亲也需要她的照顾。她母亲患有呼吸困难症，大部分时间都卧病在床，而父亲要去工作。

她父母是非常有爱心的，但是无法为罗珊娜付出时间、关注，以及在她有需要的时候帮助她。她太年轻了，承担不了父母的责任，但有些事总得有人来做。她觉得自己要对所有人负责，而且很愿意这样做。她可以将自己的情绪推到一边，去照顾全家人。她变得很强大，根本没有意识到自己失去了什么。

那天，由于缺乏朋友的支持，她第一次感受到这种情绪，与她小时候缺少有人关心和询问密切相关，她发现了一只情感上的潘多拉盒子。

她认识到自己是在忌妒其他可以自由玩乐的人。她开始觉得谁都不在乎她的感受，也不理会她的需要。母亲或弟弟和妹妹都得到了关注，唯独她没有。她探究这些情绪的过程，就是在加注她的维生素P1爱池。尽管她一直都知道父母爱她，但通过这种练习，她可以想象母亲带着理解、爱心和同情在聆听她的感受，这是她曾经失去的事物。现在，她想象着母亲抱着她，给予她支持，这让她感觉自己好受多了。

罗珊娜用了不同的方法，并采取正确的步骤注满她的爱池。她对自己处境的怨恨减少了，生活也明显地越来越好。她有了更多的乐趣，结交了更多的朋友，有过几次浪漫经历，最后与一位既重视她又很有魅力的男人成家了。尽管离婚让她很痛苦，但后来她很感激她得到的疗愈，以及她创建的美好新生活。

为了打开怨恨加到我们心扉上面的枷锁，我们必须认识到这些枷锁是我们加给自己的。是的，世界也许不公平，但以保留你的爱

| 第13章 | 移除阻碍你成长的12种障碍

作为回应,并不会让你周边的世界变得更好,只会让事情更糟糕。

如果你发现自己无法再付出爱,就要意识到这是你在创建新问题,以及你就是问题的关键所在。你不仅给其他人送去消极能量,还会将消极能量吸引到自己身上。

当我们感到怨恨时,根本的原因是我们没有意识到自己创建想要的事物的力量。引起怨恨的那种被剥夺的痛苦,会随着我们"无法获得需要的事物"的念头而加强。当我们重获创建人生的力量后,怨恨会逐渐消失。怨恨只不过是责备和挑剔的另一种形式。

> 我们之所以感到怨恨,是因为我们没有意识到自己创建想要的事物的力量。

怨恨清晰地表明:你已经朝着错误的方向走得太远了。不要责备其他人没有回报你,而要花时间来爱自己,注满你的其他爱池。清晰地认识到你对过度给予应负的责任,并自由地接受这个问题,就不会再对问题指手画脚。这种洞察的能力很重要,不仅能够把你导入正确的方向,还能助你释放所有内疚。

大部分付出太多的人之所以会这样做,是因为他们想让其他人高兴。他们想做到完美,而付出了太多,是因为他们期望其他人同样也能够为他们做这些事情。他们觉察到,保留自己的爱会让他们更加内疚。

为了避免内疚,他们只能为自己心生的怨恨和保留的爱进行辩护。他们不断地增强"人生是不公平的,我们被忽视了和被剥夺了"的念头。尽管这是事实,但这种信念不会带给他们任何好处。正如我们在前面章节里提到的那样,如果应用个人成功的秘密,我们就能得到需要的事物,并能创建想要的事物。当我们开始体验到自己的创造力,未来变得让人期待,似乎也不是那么不公平了。

移除障碍 10:释放自怜,找回真实自我

当你断开与感激、感恩和成功的天生能力的联结时,你就会体验到自怜。你把注意力放在失去的事物上,就失去了与感恩的联结,难以认识自己可以得到更多的机会。尽管认同挫折和损失很重要,但你没有必要丧失那种来自感恩的内在快乐。

> 受阻于自怜,你就会失去与感恩的联结。

自怜的原因通常是缺少关注。缺乏关注的人通常会去寻找任何形式的关注。尽管每个孩子都需要被倾听和得到同情,但有些孩子的需要比父母能够满足他们的多一些,结果这些孩子学会了用更夸张、更戏剧性的问题吸引父母或者他人的关注。

通常,对于那些引人注目的或者敏感的孩子,父母都会犯这种错误,就是总是想忽视孩子的消极情绪,希望它们消失。不幸的是,孩子的这些情绪不会消失,而且在很多情况下,它们会变得更加强烈。这类孩子会养成一种习惯:为了得到关注,把自己的日子描绘成一幅消极的画面。

> 当我们的情绪被忽视时,我们会把被忽视的情绪变得更夸张和更戏剧性。

如果这类孩子总是很开心,而且表现得一切都好,他们的情绪就容易被他人忽视。为了改善这种局面,他们要让自己的需要

|第13章| 移除阻碍你成长的12种障碍

得到倾听，也要将注意力放在给予和获取积极关注上面。他们应该花时间倾听自己内心的感受，并体验自己所感受到的伤害，由自己承担起更多的责任，不需要通过其他人倾听自己，打破依靠消极关注的障碍。

另外一个方法是，在一段时间内，用一整天的时间尝试不抱怨，也不认同其他人的抱怨。请留意一下，看看不抱怨某件事或者某种环境，或者不说消极话究竟有多难。用写日记的方式，将自己的消极情绪写下来，而不是通过嘴巴说出来，这有助于训练你的头脑更好地认识到，你是可以得到积极关注的，也是可以培养自己的内在情绪的。

敏感的内在总是让我们觉得自己应该在这个世界里拥有更多。只是在我们还没有被教会如何获得更多之前，我们会感觉自己似乎正在坐失良机，就像聚会时被拒之门外一般。如果想释放被排除在外的情绪，那就是我们成功地参加了这个聚会。我们不要想着自己被遗忘了，而要认识到我们企图从外在世界获取想要的事物被我们全部藏在了内心深处。我们肯花时间去获取这些事物时，就会感受到我们与自己的精神联结上了，我们被遗忘的感受将会消失。

通过与内在满足愿望的源泉联结，我们就不会迷失于外在世界，并期待得到内在已经拥有的事物。要想释放自怜，就要尝试着去体验：我们认为正在失去的事物其实已经拥有了。想要挣脱自怜，我们就要不断地提醒自己转向自我的内在，这会让我们发现，有无限的可能等待着我们。

自怜的一个大问题是，我们不仅错失了获得更多事物的机会，还拒绝了这些机会。我们待在原地不动，仿佛是为了自己的痛苦辩护，这会让我们认为自己已经错失良机，做什么都无法弥补。我们为自己感到遗憾，但又不想有任何改变。

我们也失去了帮助自己的机会。一方面我们并不相信有人能够帮助我们，另一方面我们又相信我们只能被其他人拯救。我们期望有人弥补我们失去的事物，这会让我们感到高兴。但在我们相信自己之后，这种倾向将会改变。当我们感受到自己重新站起来的力量时，我们就会认识到自己一直都有这种力量，而且除了我们自己，没有人能够做得到。

当你对那些拒绝过你和排斥过你的人感到气愤，然后又原谅他们时，自怜的倾向就可以得到释放。除了感受那种气愤、受伤害的情绪之外，你还要感受其他情绪。通过疗愈你的内在情绪，你将会回到真实自我，并相信自己总是可以获得需要的事物，也能够创建自己想要的事物。

移除障碍 11：释放困惑，充满信心地找到答案

如果我们解不开生活中的一些困惑，就会变得迷失。每一次积极的或者消极的体验，都会教给我们一些以前不知道的有用知识，并且能够增强我们内在的积极品质。

我们困惑时，会认为自己正在失去一些重要的事物。我们不会敞开心扉寻找答案，而是认为自己现在本应该拥有一切。我们感觉自己就像受害者，认为没有比这再糟糕的了，内心变得慌乱。

当迫切地想要找到清晰和确切的答案时，我们往往忘记了人生是一个逐渐展开的过程，丧失了正在做着正确的事情的内在自信，我们应该从中学会去做我们所能做的一切。

> 如果要释放困惑，我们就需要学会带着问题生活，不是急于得到问题的答案。

第13章 移除阻碍你成长的12种障碍

人生总会不断地呈现出挑战和变化，将我们推到理解的极限。尤其当坏的事、悲惨的事情发生或者即将发生时，我们会不理解这些糟糕的事为什么会发生在我们身上。如果我们不能清楚地理解人生既给"坏人"设置了挑战和障碍，也给"好人"设置了挑战和障碍的道理，会盲目地把不好的遭遇归因于自己的修养不好。通常我们会一直困惑下去，以避免感受不好或负某种程度的责任。

当坏事或者令人痛苦的事情发生时，我们无法理解它们为什么会发生，或者会有什么人生意义。我记得在我的第一次婚姻失败时，我是那么不知所措。我哭着对上帝说："你怎么会让这种事情发生呢？这种事情根本不会带来任何好处。"

我与前妻离婚时，根本没有想到会与我的灵魂伴侣邦妮重聚并结婚。我和邦妮在多年前就已经相识，我曾经爱过她，但那时我还不想结婚。如果不是我的第一次婚姻失败了，我永远也不会与她重聚，并创建今天的美好生活和家庭。尽管我第一次婚姻的失败令人痛苦，但我还是非常感激上天给予我的新生活。

另外，我也感激从这次婚姻失败中吸取到的教训。尽管当时我觉得自己像一位受害者，但回首往事，我发现自己竟然通过疗愈伤痛得到了如此之多的礼物。最重要的是，婚姻失败后，通过自己在婚姻关系方面知道的一切，我重新对自己作出评价，认识到了自己的错误。

一位朋友找到我说："你懂得很多有关婚姻关系的事情，但你仍然没有认识到男人和女人是不同的。"这让我彻底不知所措了，我敞开心扉重新审视我的错误，我接受了朋友提出的问题，从而逐渐发展了"男人来自火星，女人来自金星"中所有的概念。这不仅仅让我体验到一次最佳的职业转换，还让我今天的婚姻更幸福。这一切，都来自一次令人痛苦的婚姻破裂后经历的心灵疗愈。

觉醒的人生：心想事成的秘密

> 当不知所措时，我们通常会进一步敞开心扉去学习新知识。

现在，每当出现挫折而我又不知道原因或该怎么办时，我就会更加确信它会带来好事。事实也总是这样。这并不意味着我会坐等一切发生，正好相反，我会全身心地投入到积极寻找答案的过程中。

我们之所以困惑，通常是因为无法接受眼前的事实，而且无法相信：即使我们不知道如何去做，事情也会变得越来越好。经验的智慧告诉我们，事情总是可以解决的，而且常常会以比我们能够想象的好得多的方式解决。

当我们困惑时，事情总会显得比实际情况更加糟糕、更加紧急。

要摆脱困惑，就要花一些时间回想过去——当你以为事情真的很紧急或者某些可怕的事情要发生却没有发生时的情景。我们有太多的积极能量被浪费在困惑当中，从而很难相信事情总会得到解决。

所有的挫折和意想不到的障碍，总会呈现给我们值得学习的人生教训。尽管你所做的一切可能都是对的，仍然无法避免各种挑战。你一旦开始从人生的挑战中得到成长，就会明白它们对塑造自己有什么帮助。

开始审视你的人生教训的方法之一，就是想象你已经达成了所有目标。在你感激得到的支持时，请回头去感谢那些让你成长并变得强大的挑战。养成一种感激一切、从挑战中吸取教训的态度，你就可以摆脱困惑并体验到大智慧。

第 13 章 移除阻碍你成长的 12 种障碍

> 要学会感谢从过去得到的教训。

你无法制止世界对你的不时烦扰,但可以学会如何利用每次烦扰或者挫折,带你回到真实自我的智慧中。你可以尝试利用每一次消极体验,帮助你变得更加强大、更有力量。每一次挑战体验,都能够帮助你发现自己的内在天赋和力量。

当你去健身房的时候,如果你举起的重量在感到舒服的范围内,那是没有作用的。要想肌肉变得强壮,就需要不断挑战更大重量,并突破自己感到舒服的范围。同样道理,在个人成功路上,也遇到挑战,你可以通过用找回真实自我的智慧的方式来应对这些挑战,提高你获取个人成功的能力。

人在真空中是无法生存的,宇航员在太空行走时,宇航服内部需要保持一定的压力,以支持人体生理的正常功能。同样,人生中的挫折在我们变得强大的过程中起到了重要作用,但也只有在我们知道如何处理它们时,才会起到这种作用。

蝴蝶在破茧而出之前,要经历一场挣扎才能获得最后的自由。如果一位有同情心的旁观者将茧切开,让挣扎中的蝴蝶得到自由,尽管挣扎很快会结束,但蝴蝶也会很快死亡,因为它不会飞。那位给予帮助的旁观者并不知道,蝴蝶的这种挣扎是为了起飞、强健翅膀的必要经历。没有这种破茧而出的挣扎,蝴蝶会变得很虚弱,很快就会死去。

> 蝴蝶需要破茧的挣扎,否则它永远不会飞翔。

我们总是认为,危害来自外部,其实真正的战场在我们的内心。在人生中，我们认为的挑战是改变外在世界的，无论何时，当我们受阻于个人成功途中 12 种障碍的任何一种时，真正的挑战都在我们的内心。在赢得内心的战争并克服障碍后，我们就能够找回真实自我。我们每赢得一次这种战争，就会增加我们体验爱、快乐、力量和平静的能力。

> 人生永远不会没有挑战，但我们迎接这些挑战的能力会不断增强。

这种认识很重要，能够让我们将注意力从错误的事物转移到可以学习的事物上，让我们在感到困惑时不再恐慌，并能提出问题，然后充满信心地去寻找答案。

移除障碍 12：释放内疚，重新爱上自己

当你断开与爱自己和原谅自己的天生能力的联结时，你就会受阻于内疚。在犯错之后感到不同程度的羞愧，本身是一件好事，但是，已经认识到错误并从中吸取了教训之后，羞愧还没有消失，这就不是一个好现象。挥之不去的内疚抢走了你纯真的自然状态，并让你无法正向地感受到价值和权力。

> 挥之不去的内疚，抢走了你纯真的自然状态。

你不遵循自己的内心需求做事，却为他人做得太多，为他人提供了太多的帮助，当你尝试向他人提出要求，或者想按照自己的意愿行事时，你反而会觉得不舒服。你是个好人，很难对其他人说"不"。你太在意其他人的看法了。每次为了取悦他人而否定

第 13 章 移除阻碍你成长的 12 种障碍

自己的需要，都无形中让你丧失了自尊。

波拉拥有了一切。她有房、有车、有学历，有丈夫和孩子，还有一份弹性时间的好工作。她似乎拥有了外部的一切，但在内心，她并不开心，这是因为她内心的某些事物缺失了。当她参加了一次个人成功研习班后，她认识到自己的障碍。她因为不开心感到内疚，还因为拥有的不够多感到内疚。

她发现，自己为了拥有一切，不得不放弃自己。她变成了另外一个人，总是把其他人的开心当成她的开心，却从未真正考虑过自己内心想要的事物。她做了一切对他人看起来正确的事情，让她的父母感到骄傲，让丈夫和孩子感到开心，却没有意识到自己真正想要的究竟是什么。

对其他人说"不"，或让他们失望的念头，简直让她无法忍受。她讨厌自己会让其他人失望，任何时候都非常担心其他人对她的看法，这一切都受阻于她的内疚。当她花时间处理自己对人生的气愤和内疚的情绪后，她的恐惧就消失了。

> 内疚会让我们对其他人付出太多。

拉里也受阻于内疚。他之所以感到内疚，是因为他曾经犯过抢劫罪。他伤害过其他人，此时他仍然在服刑。他体验的是另外一种内疚——自己真的对其他人做了错事的内疚。在服刑的监狱里举办的一期治疗研习班中，他首先感到懊悔，然后才净化他内疚的灵魂。他不仅对自己的罪行感到内疚，懊悔过后，他还必须释放自己的痛苦，并重新爱自己。

内疚让我们无法自爱，也令人痛苦，如果我们不关闭自己的情绪，就会让内疚一天天把我们吞噬。幸运的是，有一种可替代的治疗方法。拉里学会感受他的低价值感和自责情绪，并逐渐原谅了自己。他必须给自己另外一个机会，利用服刑时间为自己创建更好的人生做准备。同时，他对自己有机会为所犯的错作出补偿表示感恩。

如果我们犯罪了，感受犯罪是第一步。原谅自己，尽可能地弥补是第二步。大多数感到内疚的人是无法摆脱内疚的，它会紧紧地抓住他们不放。很多罪犯出狱后会再次犯罪的原因，很可能是他们没有学会感受和释放内疚。这让他们无法感受因为犯错而带来的羞愧、痛苦，并完全压制了这些情绪，由此断开了与分辨是非的内在良知的联结。如此一来，他们出狱后会以自己在监狱里遭受到的痛苦，为将来再次犯下的罪行进行辩护。

不管是犯了某项罪行，还是对他人过于负责任，都容易让我们陷入内疚情绪中。有些人仅仅在小学时说过一些令人伤心的话，就会一直带着内疚情绪生活。如果我们不懂得如何摆脱内疚的阻碍，小错误就能够缠绕我们一辈子。

在 18 岁之前，如果有不好的事情发生，那么感到内疚的倾向就会增加。年龄越小，我们越容易感觉不好。特别是在 9 岁之前，孩子做过坏事就会感到内疚，甚至只是看到坏事的发生也会感到内疚。在他们看来，自己要为这些事情的发生负一定的责任，因此认定了自己不配有任何好事物。尽管这不是他们的责任，他们仍然会觉得羞愧和内疚。如果这类孩子的父母能够为其承担责任，就能够消除孩子的这种内疚感。

父母争吵、打架，或者只是一般的不满和不开心都会让敏感的孩子吸收他们的消极情绪，并认为自己要对此负起责任。如果父母不主动负起责任，并帮助孩子找到令他们感到快乐所需的事

第13章 移除阻碍你成长的12种障碍

物，使其转移视线，那么孩子就会背上这个包袱。

有些父母甚至会主动地强化孩子的这种内疚。孩子被他们弄得很不舒服，开始觉得自己应该为父母的感受负责任。来自父母的这类消极信息，对于成年人来说，已经足够令人困惑，对于尚未成年的孩子来说更是如此。要想孩子天真烂漫地健康成长，父母就要懂得必须要对自己的情绪负责，并为孩子营造积极快乐的成长氛围。

要从内疚中摆脱出来，我们必须理解天真无邪。天真无邪意味着我们值得被爱。所有的孩子都是天真无邪的，我们犯了错，是因为我们还不够明白如何做好。也许我们会惹麻烦，而明智的父母知道我们还是孩子，我们已经尽了最大的努力，这是显而易见的。

随着我们不断长大，我们需要认识到即使是犯了错误，我们仍然值得被爱。我们可以承认错误，然后改正错误，并不需要怀揣着内疚或者羞愧不放。我们只需要感受它，然后带着真诚的愿望从错误中吸取教训，并得到成长。

我们还需要认识到，即使我们对犯的错误感到内疚，我们的真实自我仍然是天真无邪的。受阻于内疚，是因为我们还没有能力原谅自己。通过释放羞愧情绪，我们就可以重新感到自己的天真无邪，并为自己的错误负责任。

当认识到自己犯了错误时，我们就会很自然地为自己懂得太少而感到惭愧。我们会想当然地认为，如果我们懂得更多，就不会犯错，其实我们可能已经做到了自己认为的最好的程度。不会有谁真的去想："我怎样才能犯一大堆愚蠢的错误呢？"

自我宽恕就是承认自己的内心深处仍然是天真无邪的，自己还是值得被爱的。天真无邪是真实自我的一部分。我们释放羞愧之后，就会回归真实自我，从而找回自我天性中天真无邪的那个部分。当我们能够原谅自己时，我们就会再次感到自己值得拥有很多美好的事物。

要想在人生中取得成功，我们必须感受到自我价值。离开了自爱和价值感，我们永远无法放飞梦想。如果我们觉得一切不值得，一旦开始感觉到自己的真实需要，我们就会用"不值得"这种念头将它们压制下去。如果受阻于内疚，我们就有可能为我们关心的人作出太多牺牲，从而忽视了对自己给予足够的关注。

克服个人成功的12个障碍，不仅能够让你享受到人生的外在成功，也能帮助你与真实自我联结。学会了体验内在平静、爱、快乐和力量，你就能够最有效地吸引和创建人生中想要的事物。你不用放弃真实自我，通过做自己喜欢做的事情，我们就能够获得真正想要的事物。

尽管这些见解很容易理解，却不那么容易被掌握。正如外在成功需要时间、精力和奉献，内在成功也需要时间、精力和奉献。你不仅要改变自己的思维，并审视自己的内心，还必须找出并疗愈隐藏在这些障碍之后的各种情绪。

在下一章，你将学到疗愈冥想和移除障碍的方法，以便回归真实自我。通过练习不同的移除障碍的方法和冥想，你将会创建出肥沃的土地来播种真实欲望的种子。在学会移除每一种障碍的方法之后，你就能体验到吸引和创建你想要的事物的内在力量。

第14章
移除 12 种障碍的步骤

> 消极情绪是可以治愈的，也是可以自愈的。

当你更深入地了解了必须由自己负起自己成功的责任时，你就做好了进行一系列的练习和疗愈冥想的准备，以移除阻挡你成功的 12 种障碍。随着你找回与真实自我的联结，针对每一种障碍，都会有一个过程帮助你感受和释放消极情绪。此外，定期练习一种特殊冥想祈祷语，会帮你打开自我向外的通道，让外在世界的高级能量帮你移除障碍。

找到更深层次的障碍

移除障碍的基本技能是感受与该障碍相关的潜在情绪。请想象有一座冰山，它只有 10% 是露出水面的，其余 90% 潜藏于水下。如果你只是感受到自己的某种障碍，那么你只是停留在表面。只有在水下寻找感觉、情感和需求，你才能移除这种障碍。受阻时，你可能立即对一些事情感到心烦，但大部分感受还是被隐藏起来了。

比如，我无意中撞了某个人，他非常生气。他自以为是对我生气,其实他有可能是对其他的事情生气。如果在我撞到他的时候,他生活中的一切都非常好,也许他就不那么生气了。让我们来看一下,他意识觉知的表面之下可能潜藏着哪些感受。

他对我撞了他感到生气,也对自己失去工作感到生气。

潜藏于他气愤之下的是他对自己没有稳定收入的伤心。

潜藏于他伤心之下的是恐惧。他害怕自己无法找到工作,或者无法解决自己的问题。他害怕妻子不再爱他。

潜藏于他恐惧的之下的是悲伤。他悲叹自己无法找到成功之路。

表面上,他也许会责怪我撞了他,但这只是冰山一角,在这之下他还潜藏着其他多种感受。当一个人失业了,他就会有充足的理由感到心烦。只有理解他更深层次的情感,才能更好地理解他的痛苦。

理解引发沮丧的动机

如果能够正确地理解引发沮丧的动机,我们就很容易有更深层次的理解,这会让我们懂得互相理解,并富有同情心。尽管这是一种简单的想法,却是消除障碍的基本方法。

当感受到一种障碍时,你就找到了引发自己心烦的动机。想象一下:你已经感受到了与这种障碍相关的情绪。如果需要注满维生素 P1 爱池,你就想象着自己在与父母互动;如果需要注满维生素 F 爱池,你就想象自己在与一位亲人或者朋友互动。

处理一种障碍,要把时钟往回拨。想象自己身处过去的某一个时间,你很脆弱,而且那一刻你能够很强烈地感受到这一点。处理过去的感受总是容易一些,尽管你现在对自己过往的经历感觉良好,但还是请你回到过去,体验一下让你感觉很好的那些感受。

| 第 14 章 | 移除 12 种障碍的步骤

如果你受阻了,那么就无法完全感受到你的情绪,也就意味着你没有联结到自己的情绪部分。要想找到更深层次的那部分障碍,你必须再次变成孩子,必须感受到你那时天真烂漫的温柔和脆弱。把自己想象为一个孩子,你就可以很容易感受引发你心烦的动机。

> 要移除情绪障碍,你必须能够感受到天真烂漫的情绪。

如果你无法想起过去的任何事件,那么你就为自己创编一个故事,并假装这个故事已经发生。而我们大多数人都会记起童年时期的一些痛苦和困难时刻。你只需要记起或创编一件能够与自己童年时的痛苦感受联结的事。

如何处理你的过去

处理你的过去很容易。只要做一些练习,你就会找到内在力量移除所有的障碍。以下是 4 个基本步骤:

1. 确认障碍,把它联结到过去。
2. 写一封感受信。
3. 写一封回应信。
4. 写一封联结信。

当你学会处理过去并移除障碍后,你的经历将会失去其阻止你前进的力量,反而会给你重要支持,让你去创建自己希望得到的未来。现在,我们来详细地探讨这 4 个基本步骤。

步骤一:确认障碍,把它联结到过去

使用下面给出的表格,你就可以确定哪种情绪最容易释放哪

种障碍,并由此找到合适的顺序。这个表格在消除障碍的开始阶段特别有效。过了一段时间之后,当你能够流畅地获得情绪时,也就不需要使用它。

感受表

障碍	基本感受	疗愈情绪
1. 责备	背叛	生气
2. 沮丧	抛弃	伤心
3. 焦虑	犹豫不决	害怕
4. 冷淡	无力	抱歉
5. 挑剔	不满	失败
6. 犹豫	气馁	失望
7. 拖延	无助	担心
8. 完美	不足	尴尬
9. 怨恨	丧失	忌妒
10. 自怜	排斥	受伤
11. 困惑	无望	恐慌
12. 内疚	不值	羞愧

使用这个表格,你就可以找出与障碍联结的情绪。然后,再看一下这种情绪下面连续的 3 种情绪,恰当地为自己写一封表达感受的信。

例如:为了释放表格中的第 1 种障碍——责备,你需要回忆一段自己曾经遭受背叛的事,然后感受生气、伤心、害怕和抱歉这 4 种情绪;为了释放第 12 种障碍——内疚,你得回忆一段自己曾经感到不值得的经历,然后感受羞愧、生气、伤心和害怕这 4 种情绪。

第 14 章　移除 12 种障碍的步骤

每移除一种障碍，一般要释放 4 种连续的情绪。有时候，如果感受表格里没有你此刻产生的情绪，就有必要跳过这个感受表。但通常来说，这个表格里罗列的情绪，足够应对人们可能产生的情绪。你也可以在其中找到需要感受的关键情绪。

移除 12 种障碍的方法如下：

1. 用于责备：回忆一段自己曾经感到遭受背叛的经历，然后找出生气、伤心、害怕和抱歉的情绪。

2. 用于沮丧：回忆一段自己曾经感到被抛弃的经历，然后找出伤心、害怕、抱歉和失败的情绪。

3. 用于焦虑：回忆一段自己曾经感到犹豫不决的经历，然后找出害怕、抱歉、失败和失望的情绪。

4. 用于冷淡：回忆一段自己曾经感到无力的经历，然后找出抱歉、失败、失望和担心的情绪。

5. 用于挑剔：回忆一段自己曾经感到不满的经历，然后找出失败、失望、担心和尴尬的情绪。

6. 用于犹豫：回忆一段自己曾经感到气馁的经历，然后找出失望、担心、尴尬和忌妒的情绪。

7. 用于拖延：回忆一段自己曾经感到无助的经历，然后找出担心、尴尬、忌妒和受伤的情绪。

8. 用于完美：回忆一段自己曾经感到不足的经历，然后找出尴尬、忌妒、受伤和恐慌的情绪。

9. 用于怨恨：回忆一段自己曾经感到丧失的经历，然后找出忌妒、受伤、恐慌和羞愧的情绪。

10. 用于自怜：回忆一段自己曾经感到排斥的经历，然后找出受伤、恐慌、羞愧和生气的情绪。

11. 用于困惑：回忆一段自己曾经感到无望的经历，然后找出恐慌、羞愧、生气和伤心的情绪。

12. 用于内疚：回忆一段自己曾经感到不值的经历，然后找出羞愧、生气、伤心和害怕的情绪。

步骤二：写一封感受信

选出每种障碍相应的 4 种情绪后，你需要决定把感受信写给谁。一般来说，如果把感受信写给父母，你就能释放最深刻的感受。即使你不知道自己的父母是谁，你的头脑和内心也还是会有一种与父母相连的关系，总是可以想象出自己该如何跟他们交谈。你也可以写给一位曾经烦扰过你的人，或者一位让你感到与他有着某种联系，并且愿意得到他的支持的人。

在写给父母的信中，也可以与他们分享你在其他事情上的沮丧感受。给父母写感受信，并不意味着你理应指责他们，在某些情况下，人们并不会指责父母。人们认为，这样做会表示自己不爱父母。很明显，这是一种情绪压抑的迹象，需要表达出来。如果感受不到生气，那么这就是一种迹象，表明在我们的人生早期就知道了生气是不可爱的，而且不应该对父母生气。

父母生气了并不意味着父母不好或者缺乏爱心。他们已经尽其所能了，只是没有人能够给予孩子需要的一切。生气和心烦都是成长的一个重要部分，学会控制和释放怒气，而不是用各种不能生气的理由来抑制怒气，这是很重要的。

有时候人们不写信，是因为他们顺其自然，觉得写信这件事无关紧要。他们可能会感觉现在一切都很好，或者他们根本就不在乎。在这种情况下，请想想你在收拾行李离家或得不到关爱时是什么感受，并把它写出来。

决定了把这封感受信写给谁后，你可以按下面的格式写：

|第14章| 移除12种障碍的步骤

感受信的格式

亲爱的_____

  1."我感到在……时候被背叛了……"

  2."我很生气……"

  3."我很伤心……"

  4."我很害怕……"

  5."我很抱歉……"

  6."我想……"

爱你的 ××

为一种障碍选择了相应的感受和情绪之后,使用以上导入语协助自己表达,并在信的结尾表达你想要表达的内容。每一个层次写2~3分钟。这样一来,在10~15分钟之后,你将会把信写完。

这种感受信是用于疗愈你自己的,所以没必要把它发送给哪个人。但从更有效的、关爱的角度来说,如果你相信他人乐于倾听你的感受,与他人分享永远不失为一个好方法。

步骤三:写一封回应信

写出你的感受和需要之后,想象你能够获得的理想回应。例如,如果你致信的那个人曾经以某种方式让你感到心烦,那就写能让你感觉自己被倾听、被理解以及变得更加宽容的回应;如果你曾经感到失望或者被背叛,那就让那个人的承诺让你感觉舒服些。仔细思考一下,那个人应该做些什么才能让你感觉舒服些。也许你主要的需要是得到鼓励、重新确认你是有人爱的,或者你是独特的。把你想听到的话写下来,想象这些话给你的感受,并让这些感受从你的内心冒出来。

觉醒的人生：心想事成的秘密

即使那个人在现实生活中不会说这种积极的话，也不会给予你实际的支持行动，你还是要将这些积极的话写下来。写下你想听到的话，你就会体验到已经丢失了的积极情绪。用这种方法来产生积极情绪，你就可以重新与当时已经断开联结的那部分真实自我联结起来。尽管那个人不会真的给予你所需的支持，但通过写下你想听到的回应，你就会给予自己这种爱和支持。

想象力是非常强大的。大多数情况下，在我们感到心烦的时候，会把事情想象得比实际情况还要糟糕。因此，任何时候你都要相信，是自己把事情想象得比实际情况糟糕。如果你无法获得个人成功，那意味着你的某部分没有完全与真实自我联结，也就是没有得到外界给予你的回应。意识到这点，你就可以与自己的内在联结了。

回应信的格式要对应感受信。这很有用，因为在你感受的时候，常常很难知道自己需要什么，而导入语将会引出你需要听到的关爱信息。

使用下列导入语，写一段让你感到被倾听并得到支持的话，同时你也可以随便加入令你感到舒服些的任何评语。

回应信格式

亲爱的_____

 1."我道歉……"

 2."请原谅我……"

 3."我理解……"

 4."我承诺……"

 5."我爱……""你是……""你值得……"

爱你的 ××

第 14 章 移除 12 种障碍的步骤

步骤四：写一封联结信

写完你想要的回应之后，想象一下，如果你得到这种回应会有什么感受，并把这种感受写下来。然后利用这个重要时刻，把你产生的积极情绪表达出来，你就会更加集中并联结到真实自我。通过体验一段消极的经历，而后从中产生积极情绪，你就不会再拒绝回顾过去。

当你能够疗愈你的过去，从中吸取教训并成长起来时，你就再也不会被吸引到重复过去的局面中。将现实的消极情绪联结到你的过去，并产生积极情绪，你就有力量移除那些现实中的障碍。继续前进，你将会创建你想要的事物。

下面 7 个导入语能够帮助你吸引和产生积极情绪，找到并保持与真实自我的联结。

联结信格式

亲爱的＿＿＿＿＿＿＿

1. "你的爱让我感觉到……"
2. "我现在明白了……"
3. "我原谅……"
4. "我很高兴……"
5. "我爱……"
6. "我很自信……"
7. "我感激……"

爱你的 ××

花一些时间表达自己的积极情绪，你就可以填满因感觉到消极情绪而产生的空虚。即使在写出消极情绪之后已经感到舒服些了,还是应该多花几分钟倾听和写出自己的积极情绪。这有助于你巩固与真实自我的联结。

下面是卡尔练习移除障碍 4 个步骤的例子。

卡尔觉得受到了责备的阻碍。他总是责备工作,这也是他不开心的原因。他投入了很多时间,却没有得到想要的报酬,所以对这份工作再也不感兴趣。他坐下来,写出令他感到烦恼的事情,但仍然无法让他解脱,他决定通过处理过去移除这种障碍。

他之所以感到很生气,是因为他的工作并不像他想象的那样,他内心感到自己被背叛了。然而,这份工作的确是他选择的,所以他无法对它发泄不满。为了安抚内在情绪,他将自己的生气联结到以前感到被背叛的那段时间。

他回忆起一件在他 8 岁左右时发生的事情。他父亲答应带他去钓鱼,于是他坐在家里等父亲,等了整整一天。可当父亲回到家后,不是先向他道歉,而是批评他没有利用这段时间做作业。

为了处理过去,卡尔将时钟往回拨,他想象自己遭到父亲拒绝及批评时的情形。然后,他开始释放与责备相关联的 4 种情绪,以下是卡尔的感受信。

感受信

亲爱的爸爸:

1. "我感到在……时候被背叛了……":当你不信守诺言或者不花时间跟我在一起时,我感到自己被背叛了。

2. "我很生气……":我很生气,你对我太苛刻了。我很生气,你很吝啬、很自私,我很生气,你只是想到自己,根本没有想到我。你答应带我去钓鱼,却没有那样做,这是不公平的,我很生气,你没有信守诺言。

| 第14章 | 移除12种障碍的步骤

3. "我很伤心……": 我很伤心,你没来接我。我很伤心,因为你的其他事情比我还要重要; 我很伤心,我们星期六没有出去玩; 我很伤心,你只想着努力工作; 我很伤心,你不想多花一点时间在我身上; 我很伤心,你甚至都没有道歉; 我很伤心,我一整天都是独自度过; 我很伤心,我没有度过愉快的一天。

4. "我很害怕……": 我恐怕无法信任你。我怕你会误会我的感受,我怕你会对我吼叫,我怕我太苛刻了,我怕失去一个有趣的童年,我怕其他人都过得很愉快我却没有,我怕自己对你来说并不重要,我怕你不喜欢我,也怕自己做得不够好。

5. "我很抱歉……": 对不起,我们没有去钓鱼; 对不起,我没有做作业; 对不起,我将整天时间都浪费在等待你上; 对不起,我们还不够亲近; 对不起,我们没有在一起做一些有趣的事情; 对不起,你工作这么努力,你大部分时间都不在家里; 对不起,我没有考得更好些; 对不起,我没有做得跟别的孩子一样好。

6. "我想……": 我爱你,我想更多地跟你待在一起; 我想你理解我的感受; 我想去玩; 我想赶快成长起来; 我不想无所事事地等待你; 我想你打电话给我,告诉我发生什么事情了; 我想觉得自己在你的生活中很重要; 我想你为我感到骄傲; 我想心情更好; 我想无拘无束,不要总担心你会不喜欢我; 我想要你花时间跟我在一起; 我爱你,想念你。

爱你的卡尔

写完感受信后,卡尔开始了第二步,想象自己得到了他想要的事物。他将自己想象中可以从父亲那里得到的回应写了出来。即使他父亲在现实生活中根本没有给出过他这种回应,但这个过程对他来说仍然有效。

觉醒的人生：心想事成的秘密

通过写出理想的回应，卡尔实际上是在给予自己那些以前没有得到的事物。更重要的是，他用产生的积极情绪平衡他表述出来的消极情绪。

以下是卡尔的回应信。

回应信

亲爱的卡尔：

1. "我道歉……"：我道歉我迟到了。我非常遗憾没有与你一起去钓鱼。对不起，我又让你失望了一次。我错了，我没打电话。

2. "请原谅我……"：请原谅我没回家接你。请原谅我没带你去钓鱼，也没有跟你一起去其他地方玩。请原谅我疏忽了你。

3. "我理解……"：我理解你对我很烦。你有权对我生气。我理解你害怕与我交谈。我太过苛刻了。我理解你为什么这么伤心。这是你的童年，它让人觉得你像是错失了机会。我理解我答应带你去钓鱼却没做到让你失望了。我真是太对不起你了，我想弥补。

4. "我承诺……"：我承诺我会让你开心而且有很多乐趣。我承诺带你去钓鱼。这次我一定做到。下个星期六我们去钓鱼，开开心心地玩一次。

5. "我爱……"：我想让你知道我爱你，从现在开始，一切都会有所不同。你对我是如此特殊，我真是太爱你了。

爱你的爸爸

处理个人障碍中的第三步，是想象和表达你得到想要的事物之后的感受。这就是联结信，它能表达出与你所需的和所要的支持联结的感受。

第14章 移除12种障碍的步骤

联结信

亲爱的爸爸：

1. "你的爱让我感觉到……"：你的爱让我觉得好受多了。你让我内心感到很舒服。你让我觉得我能够开心，我们能够一起愉快地度过一段时间。

2. "我现在明白了……"：我现在明白了你真的爱我。我明白了是你错了，而不是我错了。我并不坏。我知道你爱我，我也爱你，爸爸。

3. "我原谅……"：我原谅你。我原谅你不回家接我。我原谅你考虑不周和苛刻。我原谅你老是让我等待。

4. "我很高兴……"：我很高兴你在乎我。我很高兴我可以跟你交谈。我很高兴我们可以亲密地玩耍。我很高兴我可以信任和依赖你。我很高兴你爱我，而且愿意听我倾诉。

5. "我爱……"：我爱钓鱼。我喜欢自由地做我自己。我喜欢我们很亲近。我喜欢我们在一起做更多的事情。我喜欢安全地做我自己。

6. "我很自信……"：我很自信我可以过上幸福生活。我很自信你爱我，而且我是很重要的。我很自信我可以让你开心。我很自信我现在已经足够好了。

7. "我感激……"：我感激你的爱和妈妈的爱。我感激你想多花时间跟我在一起。我感激学校里的好老师。我感激我那干净整洁的房间。我感激上帝给了我这么伟大的父母。

卡尔写完联结信后，感觉舒服多了，所以他想多做一些。这次他想象的是跟父亲去钓鱼，从而产生了更多的支持和积极情绪。

卡尔的另外一封联结信内容如下：

觉醒的人生：心想事成的秘密

联结信

1. "你的爱让我感觉到……"：此时我感到非常开心，因为我跟爸爸一起钓鱼。我刚钓到了一条鱼，他为我感到骄傲。我感到平静和满足。我们一起做这种事真是太好了。我真是非常开心有这样一位父亲。他非常爱我，我也爱他。我们玩得很开心。

2. "我现在明白了……"：我现在知道与爸爸一起去钓鱼和开心地玩耍是多么好。

3. "我原谅……"：我原谅爸爸，尽管他迟到了。

4. "我很高兴……"：我很高兴爸爸开车送我来这里。我很高兴这是开心的一天。我感到高兴，我今天没有犯一点错。我真的感到高兴我钓到了一条鱼。我感到高兴，我们一起玩得很开心。

5. "我爱……"：我爱跟爸爸在一起，爱跟他一起做事情。我喜欢开心地玩。我爱划着小船荡漾在水上。我爱在这方面做得越来越好。我爱驾驶客货两用车四处兜风。我爱到新地方，爱做新事情。我爱去冒险。

6. "我很自信……"：我很自信，我可以做我自己而且过得开心。我没必要做到尽善尽美。我可以放松，一切都会得到解决的。我可以相信我爸爸，他是真的爱我，而且一直都在我身边支持我。我可以相信他是理解我的，而且我对他来说是很重要的。

7. "我感激……"：我真是太感激这次钓鱼之行。我们过得真是太开心了。我感激我钓到的那条鱼。我感激那美妙的天气。我感激爸爸花时间来做这件事，我知道他很忙。我非常欣慰我在这个世界并不孤单，感激他爱我。我感激我们能够在一起开心地玩。

卡尔带着这种感激的态度，将他的意识带回到现在，即刻感觉舒服多了。尽管他没有做任何不同的事情，但他开始喜爱他的

第 14 章 移除 12 种障碍的步骤

工作。此外，他开始在自己身上和孩子身上花更多的时间。

在父母的帮助下疗愈情绪

有时候，写信给父母可能是产生了对母亲或者父亲心烦的情绪。有时候，你写信给父母只是寻求支持，但实际上你可能是对另外一件事感到心烦。

让我们来举个例子。露西因为在一次溜冰比赛中没有获奖而感到心烦。她在决赛时摔倒了，一连好几个月她都感到很压抑。为了消除压抑，她首先将这种压抑与她的过去联结。她回忆起在读七年级时，自己没有被邀请去参加某同学生日晚会的事情，这让她受到了很大的伤害。

以下是她写的提纲式感受信：

亲爱的妈妈：

1. 我觉得像是被抛弃了，学校的同学都不喜欢我。

2. 我太伤心了，我没有被邀请去参加晚会。没人喜欢我，我不知道我究竟做错什么了。我已经做到最好了，但总是被拒绝。

3. 我害怕我永远不会被接受。没有人爱我。我什么事也做不好。有一天，我在课堂上回答问题时，同学们都笑我了。吃午饭的时候，当我向同学们走过去时，他们全都跑开了。

4. 我很遗憾没能去参加同学的晚会。我很遗憾我无法交到朋友。我很遗憾我不能成为一名受欢迎的女孩。我觉得遗憾，我都不知道自己该做些什么。

5. 我感到自己很失败，因为没有人在乎我。我感到很失败，因为同学们都不喜欢我。我感到很失败，因为我得像他们那样才会被接受。

觉醒的人生：心想事成的秘密

6. 我想做我自己，而且能有很多朋友。我想有很多乐趣。我想早上醒来的时候会激动地想去上学。我想被邀请去参加各种晚会，而且感觉到自己很特别。我想在学校读好书。我想其他人也想成为我的朋友。

爱你的露西

然后，露西写下了她想从朋友们那里得到的回应，作为她的回应信。

亲爱的露西：

1. 我为对你这么残忍而道歉。对不起，我没有邀请你参加我的生日晚会。我当时太残忍了。我邀请了所有的同学，却没有邀请你。

2. 请原谅我把你排除在外。请原谅我拿你开玩笑，让你不开心。对不起。

3. 我理解我伤害了你。我理解你不应该得到这种对待。我理解你因为我感到很沮丧。

4. 我将来会更多地尊重你。我将不再那么冷漠，尽力友善待人。

5. 我很想跟你交朋友。我想你真的是一个很好的人，而且很有趣。我想请你来我家，我们可以一起做作业。

爱你的朋友

为了完成这个练习，露西想象着自己接收到了这封回应信，然后表达出她的积极情绪。

1. 你的友谊让我感到非常高兴。我真的想成为你们中的一部分，但我不想放弃自我。我喜欢你。

2. 我现在理解了我是被人喜欢的，我不用放弃自我，也能够被他人喜欢。

|第14章| 移除12种障碍的步骤

3. 我原谅你没有邀请我去参加你的生日晚会。

4. 我很高兴我们在一起有如此多的快乐。我很高兴自己在学校很受欢迎。我很高兴我有这么多的朋友。

5. 我爱我的生活。我爱我的朋友。我爱读书,也爱在周末开心地玩耍。

6. 我非常感激我在学校有这么多朋友,还有这么多的乐趣。我非常感激我的朋友都想跟我在一起,我离开的时候他们都想念我。

给外在世界写感受信

当我感受到责备、怨恨或者挑剔等障碍的时候,通常会向外在世界写出我的感受。这样一来,我就没有必要将这些障碍联结到过去。在与外在世界交谈的时候,我总是感到自己更加渺小,更加脆弱,就像是一个孩子,这也是大部分祈祷文的真正作用。这只是向外在世界传达感受的一种手段,让我表达出自己想要的和需要的事物。

通过使用感受信、回应信和联结信,你可以加深与外在世界的联结。有些人相信外在世界,却感觉被外在世界出卖了。如果是这种情况,你也是可以责备外在世界的。有谁能够在听到你的责备之后,不会感到受伤或者不会申辩?毫无疑问,那就是你赖以生活的外在世界。放下心的中执念,宽容地看待发生在自己身上那些不好的事情,你将会变得豁达,不再那么挑剔。

通过练习,你可以更容易地处理情绪了。开始的时候,你会觉得松了一口气,但有时候又会觉得有点筋疲力尽,这只是因为你练习得还不够。有点筋疲力尽的感觉,总要比受阻好得多。过一段时间之后,就像锻炼身体一样,你在练习结束时不会再感到筋疲力尽了。总之,为了摆脱困境,移除障碍,请按上文4个简单的步骤去做。

用感受找到情绪

在查找与自己每种障碍相关联的 4 种情绪时，如果你感受不到这些情绪中的任何一种，那就花点时间在那一级中查找你的消极感受。你在任何一级受阻，与该级相关联的基本感受都将有助于你找到自己最真实的情绪。通常来说，是那种感受释放了这种障碍，相应的情绪就会随之冒出来。

举例来说，当你释放出追求完美的障碍时，你就要回忆起曾经令自己感觉不足的一段经历。为了处理这种不足的感觉，你就要感受并表达出这种尴尬。再往下一级，就是忌妒。你可能受阻了，却感觉不到忌妒。为了实现这种转换，你要先回想起在那个时候是什么事使你产生了自己不足的感觉，然后，忌妒的情绪就会开始冒出来。不足是与忌妒情绪相关联的，所以，请查看感受表的第 9 级。

我们一直受阻的主要原因之一，就是将某种情绪压抑了数年。有时候，我们需要感受和释放的情绪，是一种不允许自己去感受的情绪。也许有人很爱生气，却不容易伤心。那么，这个人如果是男人，很可能会感到遗憾，而不太容易感到忌妒。如果这个人是女人，她可能会感到害怕，却无法感到生气。要移除一种障碍，我们就要允许自己去感受 12 种消极情绪。请记住，这 12 种消极情绪都是可以治愈的，也是可以自愈的。这些情绪只不过是让我们知道自己已经离开了平衡点，它们是为了帮我们找到平衡发出的重要信号。感受最真实的情绪，你就可以找回自我；而感受障碍，你就会与真实自我断开联结。

最需要感受的情绪

我们来看一个最需要感受情绪的例子。萨拉是一个完美主义

第 14 章　移除 12 种障碍的步骤

者。她回忆起曾经被父亲批评的那段经历。父亲期待萨拉能够把歌唱得很完美，萨拉却从来没有做到。如今，萨拉已经是一位大歌唱家了，内心却还是感到自己做得不够好。

萨拉为了处理她的障碍，首先回忆起曾经自认为做得不够好的一段经历，并写下她的尴尬感受。在一次演出的时候，她唱跑调了。回想到此处，她给自己的父亲写了一封感受信，以尴尬开始，接下来便是忌妒。她认为自己并不忌妒，所以，为了找到忌妒情绪，她需要转回到被剥夺的与忌妒关联的消极情绪。通过审视自己受剥夺的情绪，她找到了自己被压制的忌妒。

萨拉觉得其他孩子都得到了爱和支持，她的爸爸却对她要求严厉。其他孩子可以到外面开心地玩耍，但她全部时间都得待在家里练习唱歌，或者照顾弟弟妹妹。现在，她可以感受到忌妒了。在允许自己忌妒之后，她很容易找到了接下来的两种情绪。在大多数情况下最难找到的那种情绪，恰恰是你要移除障碍时最需要感受并处理的情绪。

将感受联结到过去的方法

将感受联结到过去，这并不意味着你必须有一个很糟糕的童年。我们每个人在成长过程中都会面临各种各样的挑战，只不过有些人在应对挑战时，得到的支持会多一些。12 种障碍中的每一种，都与过去各种各样的痛苦环境关联。在这些环境中，可能涉及你的父母或者其他人。如果很难将你现在的感受与过去的感受联结起来，那么请使用下面的提问方式。它们将会为你指出一些常见的产生消极情绪的环境。

1. 如果要将当下被背叛的感受联结到过去，你可以使用下列任何一个建议：

回忆一段你曾经感觉遭到背叛的经历。

回忆一段某人曾经虐待过你的经历。

回忆一段某人曾经欺骗过你的经历。

回忆一段某人曾经令你失望的经历。

回忆一段某人曾经反对过你的经历。

回忆一段某人曾经戏弄过你的经历。

回忆一段某人曾经拉帮结派反对你的经历。

回忆一段某人曾经击败过你的经历。

回忆一段某人曾经背叛过你的经历。

回忆一段某人曾经排斥过你的经历。

回忆一段某人曾经拒绝过你的经历。

回忆一段某人曾经误解过你的经历。

回忆一段某人曾经批评过你的经历。

回忆一段某人曾经不守诺的经历。

回忆一段某人曾经非议过你的经历。

2. 如果要将当下被抛弃的感受联结到过去，你可以使用下列任何一个建议：

回忆一段你曾经感觉被抛弃的经历。

回忆一段你曾经被抛下不管的经历。

回忆一段你曾经不开心的经历。

回忆一段你曾经感到孤独的经历。

回忆一段你曾经迷路的经历。

回忆一段你曾经被拒绝的经历。

回忆一段你曾经被遗弃的经历。

回忆一段曾经放学没人来接你的经历。

回忆一段曾经没人想念你的经历。

回忆一段你曾经被忘记的经历。

|第14章| 移除12种障碍的步骤

回忆一段某人曾经迟到的经历。

回忆一段某人曾经离开的经历。

回忆一段某人曾经得到所有人关注的经历。

回忆一段你不是很受欢迎的经历。

回忆一段某人曾经令你失望的经历。

回忆一段你经历失败的经历。

3. 如果要将当下犹豫不决的感受联结到过去,你可以使用下列任何一个建议:

回忆一段你曾经感觉犹豫不决的经历。

回忆一段你曾经不知道说什么的经历。

回忆一段你曾经不知道会发生什么的经历。

回忆一段你曾经等待很久的经历。

回忆一段你曾经受阻的经历。

回忆一段你曾经迷路的经历。

回忆一段你曾经不记得具体什么时候的经历。

回忆一段你曾经回不了家的经历。

回忆一段你曾经没有水或者没有食物的经历。

回忆一段你曾经束手无策的经历。

回忆一段你曾经逃离危险的经历。

回忆一段你曾经需要帮助的经历。

回忆一段你曾经等待受罚的经历。

回忆一段你曾经不知道自己错在哪里的经历。

回忆一段你曾经不知道怎样保护自己的经历。

回忆一段你曾经不知道怎样解决问题的经历。

4. 如果要将当下无力的感受联结到过去,你可以使用下列任何一个建议:

回忆一段你曾经感到无力的时刻。

回忆一段你曾经无法得到你所需的事物的经历。

回忆一段你曾经无法取悦某人的经历。

回忆一段你曾经无法修理好你弄坏的事物的经历。

回忆一段你曾经犯错的经历。

回忆一段你曾经无法弥补错误的经历。

回忆一段你曾经无法做得更好的经历。

回忆一段你曾经没有达到自己的期望的经历。

回忆一段你曾经不能去某处的经历。

回忆一段你曾经不能做某事的经历。

回忆一段你曾经不被他人接受的经历。

5. 如果要将当下不满的感受联结到过去，你可以使用下列任何一个建议：

回忆一段你曾经感到不满的经历。

回忆一段你曾经没有得到你想要的事物的经历。

回忆一段你曾经得到的不是你想要的事物的经历。

回忆一段其他人曾经无法达到你的期望的经历。

回忆一段你曾经没有赢得某事物的经历。

回忆一段你曾经做得不好的经历。

回忆一段某人曾经让你失望的经历。

回忆一段你曾经进步不够快的经历。

回忆一段你曾经等待某人的经历。

回忆一段你曾经不喜欢某人的经历。

回忆一段你曾经不喜欢某种局面的经历。

回忆一段你曾经听到坏消息的经历。

6. 如果要将当下气馁的感受联结到过去，你可以使用下列任

| 第14章 | 移除12种障碍的步骤

何一个建议：

    回忆一段你曾经感到气馁的经历。

    回忆一段你曾经失望的经历。

    回忆一段你曾经没有听到你所期望听到的话的经历。

    回忆一段你曾经不能做你想做的事情的经历。

    回忆一段你曾经打算做某件事却被取消的经历。

    回忆一段你曾经做得没有你想象中的那么好的经历。

    回忆一段你曾经做得比别人差的经历。

    回忆一段你曾经拥有的比别人少的经历。

    回忆一段你曾经得到的比别人少的经历。

    回忆一段你曾经作出一个决定，但其结果并不是很好的经历。

    回忆一段你曾经作出一个选择，但最终错失机会的经历。

    回忆一段你曾经受阻的经历。

    回忆一段你曾经裹足不前的经历。

    回忆一段你曾经让其他人感到失望的经历。

    回忆一段你曾经陷入麻烦的经历。

    7. 如果要将当下无助的感受联结到过去，你可以使用下列任何一个建议：

    回忆一段你曾经感到无助的经历。

    回忆一段你很弱小而且需要帮助的经历。

    回忆一段你曾经迷路了要寻求帮助的经历。

    回忆一段你曾经不知道回家的路怎么走的经历。

    回忆一段你曾经是个新人，不知道怎么处理业务的经历。

    回忆一段你曾经无法让某事行得通的经历。

    回忆一段你曾经无法做到别人期待的程度的经历。

    回忆一段你曾经感到有压力的经历。

回忆一段你曾经迟到的经历。

回忆一段你曾经等到最后一分钟的经历。

回忆一段你曾经终于得到帮助的经历。

回忆一段你曾经终于达到目标的经历。

回忆一段你曾经挣扎着摆脱困境的经历。

回忆一段你曾经因体质问题受阻的经历。

回忆一段你曾经不知道该信任谁的经历。

8. 如果要将当下不足的感受联结到过去，你可以使用下列任何一个建议：

回忆一段你曾经深感不足的经历。

回忆一段你曾经令父母或你所爱的人失望的经历。

回忆一段你曾经被别人嘲笑的经历。

回忆一段你曾经陷入困境的经历。

回忆一段你曾经因其他人陷入困境而感到难受的经历。

回忆一段你曾经无法制止其他人做错事的经历。

回忆一段你曾经目睹暴力或虐待的经历。

回忆一段你曾经拥有的比别人多的经历。

回忆一段你曾经忘记拉上裤子拉链的经历。

回忆一段你曾经在公共场合让自己感到尴尬的经历。

回忆一段你曾经身处一个陌生地方的经历。

回忆一段你曾经在放学后没人来接的经历。

回忆一段你曾经考试不及格的经历。

回忆一段你曾经鼻子上长了一个大疙瘩的经历。

9. 如果要将当下被剥夺的感受（丧失）联结到过去，你可以使用下列任何一个建议：

回忆一段你曾经感到被剥夺的经历。

|第 14 章| 移除 12 种障碍的步骤

回忆一段你曾经拥有的比别人少的经历。

回忆一段你曾经没有得到你想要的事物的经历。

回忆一段其他人得到了你想要的事物的经历。

回忆一段你的弟弟妹妹得到的比你多的经历。

回忆一段你曾经不被理会的经历。

回忆一段你曾经被忽视的经历。

回忆一段你曾经得不到原谅的经历。

回忆一段你曾经受到惩罚的经历。

回忆一段你曾经哪里都不能去的经历。

回忆一段你的人生受到不公平对待的经历。

回忆一段你曾经做了好事却受到虐待的经历。

回忆一段你的某些事物被夺走的经历。

回忆一段总是轮不到你的经历。

回忆一段某人拥有的比你多的经历。

回忆一段某人靠欺骗做得比你更好的经历。

回忆一段某人插队到你前面的经历。

回忆一段你曾经惹上麻烦，却又不是你的错的经历。

10. 如果要将当下被排斥的感受联结到过去，你可以使用下列任何一个建议：

回忆一段你曾经感到被排斥的经历。

回忆一段你曾经落在后面的经历。

回忆一段你曾经被拒绝的经历。

回忆一段你曾经哪里都不能去的经历。

回忆一段你曾经被遗忘的经历。

回忆一段你曾经没有被邀请的经历。

回忆一段你曾经被嘲笑的经历。

回忆一段你曾经被虐待的经历。

回忆一段你曾经错过机会的经历。

回忆一段你曾经没有按时到达某处的经历。

回忆一段其他人玩得很开心，你却不能去玩的经历。

回忆一段你曾经被人误解的经历。

回忆一段你曾经不被理睬的经历。

回忆一段你曾经不被允许进入的经历。

回忆一段你曾经穿着不合时宜的经历。

回忆一段你曾经与人不同的经历。

回忆一段你曾经被按体形、性别或家庭评判的经历。

回忆一段你曾经考试考得很差的经历。

回忆一段你曾经被别人忌妒的经历。

11. 如果要将当下无望的感受联结到过去，你可以使用下列任何一个建议：

回忆一段你曾经感到无望的经历。

回忆一段你曾经不知道该怎么办的经历。

回忆一段你曾经迟到的经历。

回忆一段曾经你需要的人离开了，或者去世了的经历。

回忆一段你曾经不能做某件事的经历。

回忆一段你曾经没有做好某件事的经历。

回忆一段你曾经没有做得跟其他人一样好的经历。

回忆一段你曾经无法作出决定的经历。

回忆一段你曾经没有足够信心的经历。

回忆一段你曾经没有得到足够帮助的经历。

回忆一段你曾经得到含糊不清的信息的经历。

回忆一段你曾经不知道为什么会被惩罚的经历。

|第14章| 移除12种障碍的步骤

回忆一段你曾经不知道为什么会被伤害的经历。

回忆一段你曾经不知道如何摆脱某事的经历。

回忆一段你曾经被追赶的经历。

12. 如果要将当下不值的感受联结到过去，你可以使用下列任何一个建议：

回忆一段你曾经感到不值的经历。

回忆一段你曾经行为不当的经历。

回忆一段你曾经没有起到帮助作用的经历。

回忆一段你曾经没有达到别人想象中样子的经历。

回忆一段你曾经做得不够好的经历。

回忆一段你曾经令其他人感到失望的经历。

回忆一段你身体太高大或者太矮小的经历。

回忆一段你曾经意识到自己身体有点缺陷或者不完美的经历。

回忆一段你曾经把已发生的事情，当作秘密保守的经历。

回忆一段你曾经不能说出某件事的经历。

回忆一段你曾经不能把事情告诉你母亲的经历。

回忆一段你曾经不能把事情告诉你父亲的经历。

回忆一段你曾经无法制止某件事的经历。

回忆一段你曾经无法到达某人期望的经历。

回忆一段你曾经无法讲真话的经历。

回忆一段你曾经做得不恰当的经历。

回忆一段你曾经犯错误的经历。

回忆一段你曾经很烦某人的经历。

回忆一段你曾经觉得自己比其他人拥有得多的经历。

回忆一段你曾经让某人等待的经历。

回忆一段你曾经感觉与众不同的经历。

在处理障碍的时候，如果你无法记起过去有过相似情绪的经历，那么以上建议就能引导你找出相似的情绪经历。在前进的过程中，你可以不断地使用它们回顾过去，从而发现你隐藏的障碍。

如果你无法想起过去的任何事情，而且当下仍然处于受阻状态，那么这些方式对你来说可能就不适当。通常来说，研讨班能给你提供合适的环境。如果使用如私人疗愈的方式，也非常有助于消除障碍。有时候，不用检视你的过去，障碍也会消除。有时候，移除障碍的最佳方式，是以下12种特定的疗愈冥想中的一种。

获取个人成功的最佳冥想

消除消极情绪的12种冥想

这些疗愈冥想对任何一个被障碍阻止的人，或者有慢性病的人都非常有用。在大多数情况下，如果情绪低落，身体就会生病。有些人对治疗有反应，但有些人没有，具体取决于他们受阻的程度。为帮助治疗疾病，请使用这些疗愈冥想，每天两次，每次至少15分钟。这些冥想能够打开我们的心扉，更好地接受外在世界的高级能量。

1. 为放弃责备而做的疗愈冥想。

"哦，美好的未来，你的心胸充满仁慈。你的爱无边无际，永远存在。我需要你的帮助。我感到被完全背叛了。我的心扉已经关闭。我无法谅解。帮助我重新去爱吧。请疗愈我的心，请疗愈我的心。"

2. 为放弃沮丧而做的疗愈冥想。

"哦，美好的未来，我的心扉已经向你敞开。请进入我的心扉。我感到完全被遗弃了。请让我开心。请进入我的心扉。让我开心。哦，圣母，我的心扉已经向你敞开。我的心扉已经向你敞

第14章 移除12种障碍的步骤

开,向你敞开。"

3. 为放弃焦虑而做的疗愈冥想。

"哦,美好的未来,我感到非常犹豫不决。我迷失在黑暗之中。我已经看不到前面的路了。请把你的光亮带到我的心中。把黑暗带走,把黑暗带走。给予我平静。"

4. 为放弃冷淡而做的疗愈冥想。

"哦,美好的未来。我感到完全无力。我累了,真的累了。我需要你的帮助。请进入我的心扉。让我充实,让我充实。消除我的痛苦,消除我的痛苦。"

5. 为放弃挑剔而做的疗愈冥想。

"哦,美好的未来,万物皆在你的花园中。我就像一只被吸引到鲜花旁的蜜蜂。让我尝尝你那甜蜜的爱的蜂蜜吧。我觉得非常不满。请用平静和慈爱喂养我的灵魂吧,请用平静和慈爱喂养我的灵魂吧。"

6. 为放弃犹豫而做的疗愈冥想。

"哦,美好的未来,我的生命掌握在你的手中。我感到非常气馁。我已经迷失了,请给我指引正确的路吧。我是你的孩子。请不要放弃我。请抓住我的手。请不要放弃我。请抓住我的手。请给我指引正确的路吧,请给我指引正确的路吧。"

7. 为放弃拖延而做的疗愈冥想。

"哦,美好的未来,生命的本真力量,请帮助我。我感到非常无助。把我的包袱都卸下吧,把我的负担都带走吧。把我的包袱都卸下吧,把我的负担都带走吧。别忘记我,别忘记我。"

8. 为放弃完美而做的疗愈冥想。

"哦,美好的未来,你的心永远那么充实。我非常渴望得到你的神圣乳汁。我渴望能得到你暖暖的爱和温柔的抚摸。请帮助我。

我感到自己差得很远。请减轻我的痛苦，请减轻我的痛苦。"

9. 为放弃怨恨而做的疗愈冥想。

"哦，美好的未来，感谢你那永存的慈爱和慷慨。请倾听我灵魂的需要。我感到自己的幸福被剥夺了。请移除所有的障碍，带走我的恐惧。让我自信，让我自信。"

10. 为放弃自怜而做的疗愈冥想。

"哦，美好的未来，我的心在受伤。我感到受冷落。我很孤单。别忘记我，别忘记我。帮助我，帮助我。疗愈我，疗愈我。"

11. 为放弃困惑而做的疗愈冥想。

"哦，美好的未来，托你的福我来到了这个世界。请看看我。别忘记我。我感到非常无望。请来我这里吧。我真的、真的想要你的帮助。请看看我。别忘记我。请来我这里吧。我的心扉已经为你敞开，我的心扉已经为你敞开。"

12. 为放弃内疚而做的疗愈冥想。

"哦，美好的未来，你的爱是无限的。你的创造物是最美的。请帮助我。我已身陷沙漠。我看不到你的美丽。我的人生已经空虚。用你的爱让我充实起来吧，用你的爱让我充实起来吧。"

获取更大成功的 12 种冥想

下列冥想是为那些感到健康满足，却希望能够体验更大外在成功的人所设计的。以上 12 种疗愈冥想能够消除我们心中的消极情绪，以便让我们吸引自己所需的事物。下列 12 种成功冥想有助于移除障碍，以便让我们创建想要的事物，这让我们的头脑向我们无限的潜能敞开。

1. 为移除责备而做的成功冥想。

"哦，美好的未来，我感到完全被背叛了。请给我爱。帮助我给予原谅。把这种责备移除吧。拿走我的生气吧。帮助我为自己

第14章 移除12种障碍的步骤

的人生和他人感到开心吧。"

2. 为移除沮丧而做的成功冥想。

"哦，美好的未来，我觉得自己完全被遗弃了。请给我快乐。请伸出援助之手帮帮我。把这种沮丧带走吧。拿走我的伤心吧。帮助我对已拥有的感到满足吧。"

3. 为移除焦虑而做的成功冥想。

"哦，美好的未来，我感到非常犹豫。请给我信心吧。帮助我产生信任吧。把这种焦虑移除吧。拿走我的怀疑吧。帮助我感到激情澎湃。帮助我相信他人。"

4. 为移除冷淡而做的成功冥想。

"哦，美好的未来，我感到完全无力了。请给我同情。我的心扉已经关闭。把这种冷淡移除吧。拿走我的懊悔吧。振奋我的精神吧。帮助我开心吧。请给我目的和方向。"

5. 为移除挑剔而做的成功冥想。

"哦，美好的未来，我感到非常不满。请给我耐心。帮我用爱心接纳一切。把这种挑剔移除吧。拿走我的失败感吧。帮助我对自己拥有的感到满意吧。"

6. 为移除犹豫而做的成功冥想。

"哦，美好的未来，我感到非常气馁。请给我耐力。帮助我知道做什么。把这种犹豫移除吧。拿走我的失望吧。请鼓励我。"

7. 为移除拖延而做的成功冥想。

"哦，美好的未来，我感到完全无助了。请给我勇气。请帮助我强大起来。把这种拖延移除吧。拿走我的担心吧。请帮助我感受：我肯定能够做我在这个世上应做的事情。"

8. 为移除完美而做的成功冥想。

"哦，美好的未来，我感到自己做得总是不够。请给我谦虚吧。帮助我爱自己。拿走这种完美的需要吧。拿走我的尴尬吧。帮助我对自己感到满意一些。"

9. 为移除怨恨而做的成功冥想。

"哦,美好的未来,我感到自己被剥夺了。请给我富足吧。帮助我感受自己的慷慨本性。拿走这种怨恨吧。拿走我的忌妒吧。帮助我对我拥有的感到满足,帮助我有自信得到我想要的。"

10. 为移除自怜而做的成功冥想。

"哦,美好的未来,我觉得完全被冷落了。请给我感恩之心。帮助我敞开心扉去欣赏和接受你那千千万万个祝福。把这种自怜移除吧。拿走我的伤痛吧。帮助我感谢我拥有的一切,感谢我拥有的一切,感谢我得到更多的机会。"

11. 为移除困惑而做的成功冥想。

"哦,美好的未来,我觉得完全无望了。请给我智慧。帮助我看清楚。给我指明道路。把这种困惑移除吧。拿走我的恐慌吧。请帮助我找到自信。"

12. 为移除内疚而做的成功冥想。

"哦,美好的未来,我感到完全没有价值。请帮我敞开心扉来接受你的祝福。请让我自由地感觉有价值吧。把这种内疚移除吧,恢复我的清白吧。拿走我的羞愧。帮助我对自己和对他人都能感到开心。"

获得个人成功的最佳冥想

如果通过练习上述 24 种特定冥想来移除某种障碍,请计划至少 6 个星期。首先,花几天时间来记住祈祷文。然后,将指尖举到高出肩膀的位置,大声地背诵冥想词 10 次,再默默地背诵 15 分钟。最后,花几分钟来感受你的需要,想象你已经得到你想要的。

第 14 章 移除 12 种障碍的步骤

探索你得到需要的和想要的事物时的积极情绪。一般来说，改变一种习惯以及思维方式和行为方式，需要 6 个星期的时间。练习这些冥想并达到这个时间长度，你就可以获得收效。

当你每天都能产生这些积极情绪的时候，你的内在人生和外在人生就会开始有改善。有时候，在一夜之间，你就能体验到巨大的收效。随着时间的推移，你的特定冥想将会自动同步进行。你将会获得内在支持，那些终身控制你的情绪模式将失去它们的控制力量。

清除一种障碍之后，你会发现另外一种障碍又会出现。此时，你就不会有麻烦了，因为你已经具有用内在力量来创建你想要的事物的智慧和能力。除了做冥想练习以保持意图清晰、方向正确之外，你必须反复回顾支持你朝某个特定方向前进的观念和想法。

Afterword 后记
为觉醒的人生做好准备

我们所处的时代，不再只依赖一种方法获得我们想要的事物，找到真理的方式有很多种。

每一个时代，总会有一些获取了巨大个人成功的人。他们都是普通人，但又显得很特殊，这仅仅是因为他们走在了他们那个时代的前面。他们生来就带有领悟某些见解的能力，尽管他们没有办法与别人交流这些见解，但他们用自己的实际行动为大家指明了方向，直至他们的见解被越来越多的人接受。

> 具有大智慧的人，会为他们的同代人指出那个时代的方向。

现在，我们正处在一个已经做好准备成长的时代。在这个时代，我们可以直接从内心获取个人成功需要的引导。现在，我们通过内观自己，可以找到与真实自我的联结。

具备倾听我们内在指引的能力，并不意味着我们不需要其他形式的精神生活。如同人们长大离开父母之后，仍然需要继续依靠父母的爱、支持和指引一样。当然，这需要建立在与父母关系良好的基础之上，只是人们的这种依赖程度会有所变化而已。

我们所处的时代，不再只依赖一种方法达到我们的目的。如果你认定只有"一种"方法可以解决面临的问题，那么这种方法只能是你的方法，而且也只能是你的内心可以感受到的。

觉醒的人生：心想事成的秘密

我们可以看到，在我们的周围，有成千上万的人既获得了外在成功，也获得了内在满足。他们并不一定全都是超级富翁和名流，只是他们学会了如何获取自己想要的并持续坚守自己想要的，实现了内在与外在双重成功的梦想。你可以认为，你完全做得到。

当我们在电影和电视剧上看到那种梦想中的美好生活时，会自问："为什么我们不可以拥有这种生活？"其实我们只是不知道如何让电影中看到的情景发生在自己身上。我们不是变得很沮丧，认为这只是少数人可以得到的，就是觉得自己非常激动，并期望有一天这种事也会发生在自己头上。

这种等待已久的日子已经来临。现在，是我们该从睡梦中醒过来的时候了，漫漫长夜已经结束。获取个人成功已经不再是少数人的事情，也不是未来的事情。它再也没什么特别，而是我们每一个人都能够做到的事情，因为它的秘密已经被破解。

个人成功的概念很简单，很容易理解，而且可以立即实践。它是新的概念，但也是一种由很多旧观念组合起来的新概念。现在每个人都能理解个人成功的概念，并付诸实践。

虽然你具有创造自己命运的潜力，但你必须找到这种潜力才行。你不再需要别人来指引你，那种智慧可以在你自己的内心找到。

让个人成功的概念，帮助你唤醒真实的你，并找回你的内在力量。让本书为你充电，帮你找到真实的你，并满足你所有的愿望。如果你没有特殊的潜力创造未来，愿望的种子就一定不会在你的心中。

当你忠实于自己，与你真正的感觉、希望和愿望联结时，你就是在跟真实的自我联结。真实的自我，或者说每个人的自然状态，就是欢乐、爱、自信和宁静。这些属性早已存于你的内心。

|后记| 为觉醒的人生做好准备

在你不开心、焦虑、不舒服,或者有 12 种障碍中的任何一种时,你就暂时与真实自我断开了联结。

> 无论何时,如果不能获取你想要的事物,那么你就在某种程度上与自然状态断开了联结。

从最真实的层面来看,你生活的世界是你内心状态的一种反映。你无法改变世上的一切,因为它们同时也是其他人内心状态的反映。你对世界的体验以及你吸引或被吸引的情况,都是你内心世界的反映。当你收回自己体验世界的决定权后,世界与你联结的方式就会改变。如果你的爱、欢乐、自信和宁静是无条件的,那么这个世界就会是一片肥沃的土地,供你播种愿望种子。

> 你对世界的体验反映了你的内心状态。

不管你是否意识到已经受困于自己的障碍,或者无法获得想要的事物,你都可以通过与自己的自然状态重新联结,创建你想要的人生。要摆脱 12 种障碍,你就必须承认你有能力改变自己的感觉,然后恢复你的力量。你的人生走到低谷,是因为你已经与自然状态断开了联结。尽管有些人或者有些环境会让你感到心烦意乱,但你仍然具有迅速恢复并再次感觉良好的能力。

> 你拥有作出改变的力量,但任何人都无法让你作出改变。

无论外部世界的环境如何,你都拥有改变自己感觉方式的力量。要做到这一点，你必须始终记住：尽管外部世界让你感到苦恼，但那只是一种幻觉。在内心找到爱、欢乐、自信和宁静，就可以获得在人生中吸引和创建自己想要的事物的力量。

如果你的手臂被重击，就会有淤伤，但你仍然具有治愈自己的能力，并能制订出相应计划，以保护自己将来不再受到伤害。承认自己受阻于12种障碍中的任何一种，就能清楚地认识到要对自己的情绪负责，并找回自己的力量。

有了这种积极和强有力的态度，你就可以说：

"现在，我要对自己的情绪负责，所以，外在条件无法阻止我体验我的积极情绪。"

"现在，即使我与真实自我断开联结，我也有能力找回我自己。"

承担移除自己的障碍的责任，你就可以打开与真实自我联结的大门。每次回归真实自我之后，你就增强了你与生俱来的力量和潜能。

有了这些不同的过程、练习和冥想，你就做好了准备，可以开始在这个世界的旅程。你有了必要的工具和见解，从而能够消除个人成功途中的所有障碍。这些工具中的每一种，都帮助过我和成千上万的人。我希望你能够跟我一样珍惜、使用这些见解，希望它们能够为你打开那些你根本想象不到的大门。

祝愿你永远生活在更多的爱和更大的成功之中。这是你应得的，也是每一个想要获得成功的人应得的。你可以梦想成真，你完全有条件做到。将本书中提到的12种障碍移开之后，你一定能够一路顺风。

Acknowledge 致谢

感谢我妻子邦妮，感谢我们的3个女儿——香农、朱丽叶和劳伦，感谢她们的绵绵爱意和支持。

感谢奥普拉·温弗瑞以及哈珀工作室全体优秀工作人员，感谢他们参加了一次个人成功研讨会之后，邀请我连续6个星期三上电视做访谈。这些经历帮助我提炼出本书的很多概念。

感谢哈珀·柯林斯出版公司的黛安·拉维兰德，感谢她那些才华横溢的反馈和建议。还要感谢梦幻般的宣传家劳拉·伦纳德，感谢卡尔·雷蒙德、珍妮特·德里、安妮·高迪涅里，以及哈珀·柯林斯出版公司的其他优秀工作人员。

感谢我的代理人帕蒂·布赖特曼，感谢他在多年前就相信我的理念，并认识到《男人来自火星，女人来自金星》的价值。感谢我的国际出版代理人琳达·迈克尔斯，是她让我的书能够以40多种语言出版发行。

感谢我的工作人员：海伦·德雷克、巴特和梅里尔·贝伦斯、伊恩和艾丽·柯伦、鲍勃、毕德里、马丁和乔希·布朗、波里安娜·雅各布斯、桑德拉·温斯坦、迈克尔·纳杰里安、唐纳·多伊龙、吉姆·普让，以及朗达·克里尔，感谢他们一直以来的支持和辛勤工作。

感谢我的家人和朋友，感谢他们的支持和建设性建议。他们是：我弟弟罗伯特·格雷、我妹妹弗吉尼亚·格雷、克利福德·麦克奎尔、吉姆·肯尼迪、阿兰·加伯、蕾妮·斯维斯克、罗伯特和凯伦·约瑟夫森,以及拉米·埃尔·布莱特瓦里。

  感谢数以百计的金星火星研讨会举办者,感谢他们在世界各地举办研讨会宣讲火星金星理论;感谢成千上万的单身人士和夫妇,感谢他们参与了这些研讨会;还要感谢火星金星理论的咨询师,感谢他们在咨询过程中坚持不懈地使用这些原理。

  感谢我的母亲和父亲,弗吉尼亚·格雷和戴维·格雷,感谢他们对我的爱和支持,感谢他们一步步地将我引向成功之路。感谢露茜尔·布里谢,感谢她像我的母亲那样引导我和关爱我。

  感谢玛哈里希·玛赫西·优济,他是我的精神导师,感谢他如同我的父亲般指引着我,让我既获得了内在的充实,也得到了外在的成功。我提及的很多冥想方法都是从他那里学来的。

  感谢我亲爱的朋友卡里斯瓦尔,感谢他直接协助我撰写本书的各个章节。如果没有他的帮助,是无法成书的。

  感谢上帝在我写作本书时给予我惊人的精力、思路和其他支持。

约翰·格雷